Schermann

•

Managementinformationssysteme

Management-informationssysteme

Praxisgerechte Steuerungstools auf Basis der Balanced Scorecard

von

Michael P. Schermann

Linde
international

Bibliografische Information der Deutschen Bibliothek

Die Deutsche Bibliothek verzeichnet diese Publikation in der Deutschen Nationalbibliografie; detaillierte bibliografische Daten sind im Internet über http://dnb.ddb.de abrufbar.

ISBN 978-3-7143-0136-6

Es wird darauf verwiesen, dass alle Angaben in diesem Buch trotz sorgfältiger Bearbeitung ohne Gewähr erfolgen und eine Haftung des Autors oder des Verlages ausgeschlossen ist.

1210 Wien, Scheydgasse 24, Tel.: 0043/1/24 630
www.lindeverlag.at

Druck: Hans Jentzsch & Co. GmbH.
1210 Wien, Scheydgasse 31

Vorwort

Schon als das erste Buch zum Thema Balanced Scorecard erschien, konnte ich mich für den komplexen Bereich der Managementinformationssysteme begeistern. Ich musste feststellen, dass die Notwendigkeit von Steuerungssystemen im Sinne von Managementinformationssystemen absolut gegeben war. Während meines Betriebswirtschaftsstudiums hat mich insbesondere die Frage beschäftigt, wie man den Gap zwischen Strategie und Operation schließen kann. Wohl gab es einige Autoren, die das erkannten, doch war man zum damaligen Zeitpunkt nicht in der Lage, Instrumente aufzuzeigen, die diese Lücke schließen konnten. Kaplan und Norton haben dazu einen wesentlichen Beitrag geleistet.

Als Berater musste ich bald feststellen, dass es nicht genügt, bloß das Instrument zu kennen, um ein Managementinformationssystem in einem Unternehmen zu implementieren. Die Anwendung der Balanced Scorecard in der Praxis ist ein sehr komplexes und schwieriges Unterfangen, dem jedoch das Buch von Kaplan und Norton nicht vollständig Rechnung tragen konnte. Da viele Implementierungsprozesse daran zu scheitern drohten, dass die direkte Stringenz der jeweils vorgelagerten BSC einer Hierarchieebene mit den jeweils nachgelagerten BSCs nicht gegeben war, wurde klar, dass das vorliegende Instrument der BSC für viele Unternehmen adaptiert werden muss.

Mit dem vorliegenden Buch soll der Leser erkennen können, wie moderne und strategierelevante Managementinformationssysteme in der Praxis umgesetzt werden können. Dabei werden zu Beginn die Grundlagen der Balanced Scorecard erläutert und in einem zweiten Teil wird aufgezeigt, wie komplexe, strategische Steuerungstools in Unternehmen implementiert werden können. Die auf der beiliegenden CD-ROM enthaltene Excel-Datei, die ein umfangreiches Steuerungstool visualisiert, verdeutlicht, dass selbst komplexe Managementinformationssysteme in MS Excel umgesetzt werden können. Hinsichtlich der Kosten der Kostenrechnung bzw. der Kosten von Controllingsystemen können eine rationelle Vorgehensweise und eine pragmatische Umsetzung den gewünschten Erfolg bringen.

Meine Familie, insbesondere meine Eltern, hat mich stets ermuntert und mir den nötigen Rückhalt gegeben, dieses Werk zu vollenden. Ihnen möchte ich dieses Buch widmen. Weiters möchte ich mich bei Dr. Peter Lukesch und Rolf Jans bedanken, die wesentlich zum Entstehen des vorliegenden Buches beigetragen haben. Ich danke den vielen Managern und Mitarbeitern von Unternehmen, die mit mir gemeinsam ihre Managementinformationssysteme aufgebaut haben und von denen ich viel lernen durfte. Mein Dank gilt auch den Teilnehmern diverser Inhouse-Seminare sowie den Teilnehmern meiner Lehrveranstaltungen, die mit ihren Anmerkungen wesentlich zur Weiterentwicklung in diesem Themenbereich beitragen konnten. Ganz besonders danken möchte ich den Mitarbeitern des Linde Verlages, ohne deren Engagement und Flexibilität das vorliegende Werk nicht hätte realisiert werden können.

Wien, im Oktober 2007 *Michael P. Schermann*

Inhaltsverzeichnis

Abbildungsverzeichnis

Tabellenverzeichnis

Abkürzungsverzeichnis

BIS	Betriebliche Informationssysteme
BSC	Balanced Scorecard
CF	Cashflow
CTQ	Critical to Quality
DMADV	Define – Measure – Analyse – Design – Verify
DMAIC	Define – Measure – Analyse – Improve – Control
DSS	Decision Support System
DW-System	Data-Warehouse-System
EFQM	European Foundation for Quality Management
EIS	Executive Information System
ERP-System	Enterprise Resource Planning System
EUS	Entscheidungsunterstützungssystem
EVA	Economic Value Added
F&E	Forschung und Entwicklung
GOPE	Goal Oriented Performance Evaluation
IS	Informationssystem
KIS	Kundeninformationssystem
KPI	Key Performance Indicator
LIS	Lerninformationssystem
MA	Mitarbeiter
MbO	Management by Objectives
MIS	Managementinformationssystem
NWC	Net Working Capital
PDCA	Plan, Do, Check, Act
PM	Performance Measurement
QM	Qualitätsmanagement
RL	Rentabilitäts-Liquiditäts-Kennzahlensystem
ROCE	Return on Capital Employed
ROI	Return on Investment
SBU	Strategic Business Unit
SGE	Strategische Geschäftseinheit
SGF	Strategisches Geschäftsfeld
SHV	Shareholder Value
SIPOC	Supplier, Input, Process, Output, Customer
s.u.	siehe unten
TQM	Total Quality Management
VOC	Voice of Customer
SHV	Shareholder Value
z.B.	zum Beispiel
ZVEI	Zentralverband Elektrotechnik- und Elektronikindustrie e.V.

1 Einleitung

Die zunehmende Globalisierung der Märkte und ein sich ständig veränderndes Unternehmensumfeld sind Herausforderungen, denen sich Unternehmen mehr und mehr stellen müssen. Daraus resultiert, dass das schnelle Erfassen von Erfolgschancen und Risiken das Management zwingt, sich noch aktiver mit der Unternehmensplanung und Entwicklung auseinanderzusetzen.

Die klassischen, im Allgemeinen stark finanzorientierten Kennzahlensysteme wie das weit verbreitete ROI-Schema nach dem Du-Pont-System (Kennzahlenbaum der Gesamtkapitalrentabilität der Firma Du Pont) oder auch das ZVEI-System, um nur zwei zu nennen, sind hier schon lange an ihre Grenzen gestoßen, da sie überwiegend aus Daten der Bilanz und des Rechnungswesens erstellt werden und sich daher für eine zukunftsorientierte strategische Sichtweise wenig eignen.

Anfang der 1990er Jahre wurden mit den Performance-Measurement-Systemen Managementsystemansätze entwickelt, die diesen strategischen Herausforderungen eine Antwort bieten sollten, indem sie das Unternehmensumfeld, sowohl extern als auch intern, umfassender einbeziehen sollten, um die strategische Unternehmensplanung und deren Umsetzung zu unterstützen.

Von den vielen entwickelten und diskutierten Ansätzen hat sich besonders die Balanced Scorecard (BSC) von Kaplan und Norton durchgesetzt, mit der sie versuchen, ein, wie Meyer zusammenfasst, „ganzheitliches Instrument zur zielorientierten und strategischen Unternehmensführung zu entwickeln, in dem alle Ursachen-Wirkungsverhältnisse abgebildet werden sollen".[1] Inzwischen kann die BSC auf eine mehr als 15-jährige Erfolgsgeschichte zurückblicken, in der sie zu einem weltweit verbreiteten Standard-Instrument vieler Unternehmen geworden ist. Die BSC gilt als ausgewogener Berichtsbogen, bei dem Kennzahlen aus verschiedenen Bereichen des Unternehmens, nicht nur aus der finanziellen Perspektive, mittels Kausalketten zusammenführt und so aus der Vielzahl von Kennzahlen, einer wahren Informationsflut, diejenigen herausfiltert, anhand deren die Unternehmensstrategie umgesetzt werden kann.

Betrachtet man die Geschichte der BSC genauer, ist aus verschiedenen Untersuchungen zu erkennen, dass nicht jedes BSC-Projekt den gewünschten Erfolg gebracht hatte – es gibt in der Praxis erfolgreiche, aber auch gescheiterte BSCs.

Kipker, Siekmann und Wildhagen bestätigen in ihrem Best-Practice-Bericht: „Auch die Erfahrungen nach einer BSC-Einführung waren in vielen Fällen nicht zufriedenstellend. Rund 40% der Unternehmen, die sich zuvor von der BSC eine Reportingverbesserung versprochen hatten, waren am Ende enttäuscht. Deutlich wird aus den Zahlen vor allem, dass besonders bei der BSC-Anbindung an bestehende Planungsprozesse sowie Steuerungs- und Berichtssysteme Schwierigkeiten auftreten."[2]

Auch Abel bestätigt in seiner Studie für die Hans-Böckler-Stiftung, dass aus Sicht der befragten Betriebsräte jedes zweite BSC-Projekt keine Verbesserung der Mitarbeiterzufriedenheit, Informationspolitik und des wirtschaftlichen Erfolges des Unternehmens nach sich gezogen hat.[3]

1 Vgl. Meyer, S. 157.
2 Vgl. Kipker, 2003, S. 1, in Best Practice/2003, 52. Jahrgang.
3 Vgl. Abel, 2001, S. 16.

Auch wenn Horváth & Partner in ihrer Balanced-Scorecard-Studie 2005 zu einem besseren Ergebnis kommen – sie ermittelten eine Erfolgsquote von etwa 70%[4] –, stellt sich die Frage, was eine gute von einer schlechten BSC unterscheidet bzw. wie die BSC wirksam in der Praxis eingesetzt werden kann.

Der Grundgedanke der klassischen BSC geht davon aus, dass die Unternehmensvision vom Topmanagement in eine entsprechende Unternehmensstrategie transformiert, sowie in Ziele und Aktionen abgeleitet wird. Auf diese Weise sollen die Ziele im Unternehmen kommuniziert und den Mitarbeitern verständlich gemacht werden, damit der Unternehmenserfolg sichergestellt werden kann.

Für Konzerne empfehlen Kaplan und Norton eine vertikale Ausdehnung der BSC, indem von der Konzernspitze über die Strategischen Geschäftseinheiten (SGE) bis hin zum einzelnen Mitarbeiter (MA) eine BSC zu entwickeln ist. Diese Vorgehensweise stellt in der praktischen Umsetzung einige Herausforderungen, deren Lösung maßgeblich zum Erfolg oder Misserfolg eines BSC-Projektes beiträgt.

Die Frage, wie aus einer übergeordneten BSC eine untergeordnete BSC abgeleitet werden kann, ist von zentraler Bedeutung, da hier die meisten Probleme in der Praxis auftreten. Zum einen ist der Bedarf an Informationen und Kennzahlen zu berücksichtigen, welche in den verschiedenen Hierarchiestufen benötigt werden. Benötigt z.B. das Topmanagement eine eigene BSC oder reichen, wie in der Praxis oft anzutreffen, wenige hoch verdichtete Kennzahlen aus, um das Unternehmen aus finanzieller Sicht zu steuern? Zum anderen haben die verschiedenen SGEs eines Konzerns unterschiedliche Marktgegebenheiten zu berücksichtigen, was zwangsläufig auf die Strategie der SGE Einfluss haben muss.

Bricht man innerhalb der SGEs über Abteilungen bis hin zum MA mit weiteren BSCs die Unternehmensstrategie herunter, führt das zu einem extrem hohen Konzeptions- und Implementierungsaufwand. Darüber hinaus kann es in der Folge zu hohen Aufwendungen führen, um diese BSCs dann im Weiteren zu pflegen und zu leben.

Ein weiter zu diskutierender Problemkreis ist die Kommunikation der BSC bis in die MA-Ebene hinein. Auch hier hat die Praxis gezeigt, dass ein GAP in der Kommunikation der BSC von der strategischen Ebene in den operativen Bereich entsteht, wenn die abstrakte Strategie nicht in nachvollziehbare operative und feinoperative Ziele (Ziele der nächsten Ebene) übersetzt wird. Ein Problem der MA-BSCs ist häufig, dass MA an der Basis in der Regel eine abstrakte Strategie des Managements als sehr schwer nachvollziehbar empfinden, und so das gewünschte Ziel der Strategieumsetzung nicht erreicht wird, da auf dieser Ebene klare Zielvorgaben mit vom MA beeinflussbaren Parametern verständlicher und somit zielführender sind.

Ein zusätzlicher Aspekt ist die Informationsaufbereitung und der Umfang an Kennzahlen, die durch die BSC zur Verfügung gestellt werden sollten. Gerade in dieser Fragestellung ist ein weiteres Problemfeld bei der Implementierung von BSCs zu beobachten, da es unterschiedliche Ansätze und Meinungen zu der Anzahl und der Darstellung der Kennzahlen gibt. Hier stellt sich die Frage, wie eine stringente BSC-Lösung mit einem Managementinformationssystem kombiniert werden kann, sodass dem Grundgedanken sowohl des BSC-Ansatzes, Strategie in Ziele und Maßnahmen umzusetzen und

4 http://www.horvath-partners.com/hp3/1709153/2336048.html, 12.08.2007.

messbar zumachen, mit dem MIS-Gedanken, die Informationsflut zu verdichten und in konzentriertes Wissen zur Entscheidungsfindung bereitzustellen, Rechnung getragen werden kann. Nur so kann das Management in der globalen Unternehmensumwelt Änderungen im Sinne von Chancen und Risiken frühzeitig erkennen, Strategien ableiten und deren Umsetzung steuern.

Auch wenn Unternehmen in denselben Märkten agieren, unterscheiden sich ihre Unternehmensstrategien doch wie Fingerabdrücke, so dass es nicht „die" BSC geben kann. Kaplan und Norton sahen ihre „Original-BSC" von Anfang an als einen theoretischen Lösungsansatz, der auf jedes Unternehmen individuell adaptiert werden muss.

Von diesem Grundgedanken ausgehend ist es das Ziel des vorliegenden Buches, den klassischen BSC-Ansatz von Kaplan und Norton weiterzuführen und daraus ein praxisgerechtes MIS für Führungskräfte abzuleiten.

Hierbei soll herausgearbeitet werden, wie ein stringentes BSC-basiertes Managementinformationssystem ein leistungsfähiges Informationssystem sein kann, um die Unternehmensstrategie umzusetzen und dabei das Marktumfeld sowie die unternehmensinternen Perspektiven zu berücksichtigen. Es soll dabei besonders herausgestellt werden, wie der Gap zwischen Strategie und den operativen bzw. feinoperativen Zielen – durch Zuweisen von Kennzahlen, Zielen und Aktionen – überwunden werden kann.

Aufbau

Zunächst werden die Begriffe Informationssysteme, Strategie und Kennzahlensysteme definiert und abgegrenzt, wobei besonders auf die Balanced Scorecard und Managementinformationssysteme eingegangen wird.

Darauf folgend wird in einem eigenen Kapitel das Grundkonzept der traditionellen Balanced Scorecard von Kaplan und Norton eingehend erläutert und es werden Gründe diskutiert, warum eine Balanced Scorecard zum Umsetzen von Unternehmensstrategien besonders geeignet ist. Ein weiterer besonderer Schwerpunkt wird in diesem Kapitel auf die unternehmensweite Ausdehnung der BSC sowie auf das Herunterbrechen der Strategie in den operativen Bereich bis hin zum einzelnen Mitarbeiter gelegt.

Das nächste, zentrale Kapitel hat das Konzept eines modernen Managementinformationssystems in der Praxis zum Inhalt. In Anlehnung an die BSC von Kaplan und Norton wird eine praxisorientierte Implementierungsmethode für MIS diskutiert und dargestellt. Insbesondere wird hier die Praxiserfahrung des Autors bei der Implementierung von MIS, vor dem Hintergrund einer kritischen Betrachtung der traditionellen BSC, herangezogen, um einen praxisgerechten Einführungsprozess von strategischen und komplexen Kennzahlensystemen aufzuzeigen.

Im Weiteren wird auf geeignete Front Ends eingegangen, die ein übersichtliches Kennzahlencockpit für die Unternehmensleitung darstellen. Abschließend erfolgt eine kurze Darstellung eines Implementierungsprozesses und eine Zusammenfassung.

2 Grundlagen und Begriffsdefinition

2.1 Informationssysteme

„Informationssysteme bezeichnen Systeme aufeinander abgestimmter Elemente personeller, organisatorischer und technischer Natur, die der Deckung des Informationsbedarfes dienen. Handlungsobjekt der IS-Ebene sind die Anwendungen.“[5]

Krcmar definiert hier den Begriff Informationssystem als die Grundebene der Datensammlung, -speicherung und -bereitstellung.

Abts und Müller gehen mehr auf die Anwendungen ein, die Informationssysteme ermöglichen. „Computergestützte Informationssysteme sind soziotechnische Systeme, die aus menschlichen und maschinellen Komponenten bestehen. Sie führen bestimmte Aufgaben automatisch aus (z.B. Ermittlung heute fälliger Mahnungen an Kunden nach bestimmten, vorgegebenen Kriterien einschließlich der Erstellung von Mahnschreiben). In anderen Fällen unterstützen Informationssysteme ihre Benutzer, indem sie relevante Informationen zur Verfügung stellen, die die menschliche Arbeit erleichtern. Wenn beispielsweise die Mahnung nicht vollautomatisch vorgenommen werden soll, (...) erzeugt das Informationssystem lediglich eine Vorschlagsliste, und der Benutzer kennzeichnet am Bildschirm diejenigen Kunden, die kein Mahnschreiben erhalten sollen.“[6]

Informationssysteme sind soziotechnische Systeme, die aus Teilsystemen für optimale Bereitstellung von Information und (technischer) Kommunikation dienen.[7] Diese Definition lässt viel Spielraum zu Interpretationen, sie zielt eher auf betriebliche Informationssysteme ab, ist aber unter Einschränkung auch für raumbezogene oder personenbezogene Informationssysteme anwendbar (z.B. GIS, LIS, Grundbuch, Statistiksysteme usw.). Krcmars Kurzbeschreibung weist darauf hin, dass ein technisches System allein kaum informieren kann. Das technische System ist nur Mittler von Informationen zwischen Informationsanbietern und Informationsabnehmern.

Die dafür notwendige Kommunikation beschränkt sich im Allgemeinen auf technische Vorgänge, ohne auf die daran beteiligten Personen stärker einzugehen. Dies kann Probleme der zwischenmenschlichen Kommunikation vermeiden, aber solche auch verursachen bzw. bewusst machen. H. Kubicek et al. meinen: „Informationssysteme bieten für bestimmte Zielgruppen Informationen auf Abruf.“[8]

Nach Heinrich und Lehners Wirtschaftsinformatik-Lexikon ist ein Informationssystem „ein Mensch/Aufgabe/Technik-System zur Information und Kommunikation. Jedes System unterliegt einer Zweckbestimmung oder mehreren Zweckbestimmungen, die durch Begriffszusätze zum Ausdruck gebracht werden (z.B. Verkehrssystem, Versorgungssystem, soziales System). Die Zusätze Information und Kommunikation, die zwei Sichten auf ein und dasselbe Objekt sind und die es folglich notwendig machen, sie in einem Informations- und Kommunikationssystem miteinander verbunden zu betrachten, drücken die Zwecke dieses spezifischen Systems aus. Die Beziehungen zwischen den

5 Krcmar 2000, S. 48.
6 Abts/Mülder, 2004, S. 12, Grundkurs Wirtschaftsinformatik 5. Auflage.
7 Vgl. Krcmar 2000, S. 25.
8 Vgl. H. Kubicek et al., 1997, S. 32.

Elementen Mensch, Aufgabe und Technik beschreiben ihre gegenseitige Beeinflussung. Die Gesamtheit aller Bemühungen, in einem gegebenen Kontext aus diesen Elementen und ihren Beziehungen ein Informations- und Kommunikationssystem zu gestalten, wird als Systemplanung bezeichnet. Je nachdem, welche Art von Aufgabe (z.B. betriebliche Aufgabe) Element eines Informations- und Kommunikationssystems ist, werden weitere Zusätze zur Kennzeichnung seiner spezifischen Zwecksetzung verwendet (z.B. betriebliches Informations- und Kommunikationssystem).“[9]
Die folgenden Arten von Informationssystemen können unterschieden werden:

Kurzform	Informationssystem
EUS	Entscheidungsunterstützungssystem, s.u.
EIS	Executive Information System, s.u.
MIS	Managementinformationssystem, s.u.
DSS	Decision Support Systeme, s.u.
DW-System	Data-Warehouse-System, s.u.
KIS	Kundeninformationssystem, teilweise auch die Kurzform für Krankenhausinformationssystem
ERP-System	Unter ERP (Enterprise Ressource Planning) werden integrierte Softwarelösungen subsumiert, die den Ablauf der innerbetrieblichen Prozesse unterstützen. Hierzu zählen z.B. die Materialwirtschaft inkl. Auftragsabwicklung, Warenwirtschaft und Lagerung, Produktionsplanung, Finanzbuchhaltung, Kostenrechnung und Personalplanung und Abrechnung. Zu den bekanntesten Vertretern zählt das ERP-System der Firma SAP.
BIS	Mit einem BIS (Betrieblichen Informationssystem) werden den betrieblichen Funktionsbereichen die notwendigen Informationen bereitgestellt, z.B. Einkaufsverträge für den Einkauf, technische Produktdaten für den F&E-Bereich. Teilweise wird BIS auch als Bürgerinformationssystem verstanden.

Tabelle 1: Informationssysteme

Aus obiger Tabelle werden nun die wichtigsten Begriffe, die aus Sicht eines praxisorientierten MIS von Bedeutung sind, näher definiert.

2.2 Entscheidungsunterstützungssystem – EUS

Bereits in den 1960er Jahren gab es erste Bemühungen, informationstechnische Unterstützung für Entscheidungsträger aufzubauen. Damals „wuchs mit dem Aufkommen umfangreicher Dialog- und Transaktionssysteme und der elektronischen Speicherung

[9] Heinrich/Lehner, 1985, S. 420f., Informationsmanagement.

großer betrieblicher Datenmengen die Nachfrage nach automatisch generierten Führungsinformationen. Zahlreiche Projekte, die den Aufbau entsprechender Management Information Systeme (MIS) zum Gegenstand hatten, wurden mit dem Ziel gestartet, aus der vorhandenen Datenbasis Informationen abzuleiten, um diese direkt in Planungs- und Kontrollprozesse einfließen zu lassen. Allerdings trat rasch eine Phase der Ernüchterung und Frustration in den 70er Jahren ein, die aus der Diskrepanz zwischen hochgesteckten Erwartungen und technischer Machbarkeit resultierte.“[10]

Tatsächlich war man der Meinung, mit diesen technischen Systemen menschliche Managemententscheidungen ersetzen zu können, erhielt aber im besten Fall standardisierte Berichte in periodischen Abständen. Da die Systeme sehr schnell an ihre technischen Grenzen stießen, konnte weder eine entsprechende Informationsverdichtung noch eine kurzfristige bzw. dialogorientierte Informationsbereitstellung stattfinden. Daraus resultierte, dass dieses erste Konzept eines MIS in Amerika zu hohen Akzeptanzverlusten führte und der MIS-Ansatz als gescheitert angesehen wurde. Bis heute hat der Begriff Management-Informationssystem in den USA keine Akzeptanz gefunden und wurde durch die Decision-Support-Systeme (DSS) oder Entscheidungsunterstützungssysteme (EUS) ersetzt. Chamoni und Gluchowski fassen die Hauptkritikpunkte folgendermaßen zusammen: „Die fehlende Interaktivität und Dialogorientiertheit der frühen Management Information Systeme sind sicherlich ein zentraler Kritikpunkt an dieser Systemkategorie. Ein weiteres Defizit kann in der Ermangelung ordnender Problemstrukturierungshilfen (Modelle) sowie algorithmischer Problemlösungsverfahren (Methoden) ausgemacht werden. Ein Einsatz über die den Entscheidungsprozess abschließende Kontrollphase hinaus bleibt aus diesem Grund weitgehend verwehrt.“[11]

Die historisch nachfolgenden Entscheidungsunterstützungssysteme, die in den 1970er Jahren entstanden, sollten die erkannten Schwachpunkte beheben, indem nicht mehr die reine Datenversorgung im Vordergrund stand, „sondern die effektive Unterstützung im Planungs- und Entscheidungsprozess mit dem Ziel, das Urteilsvermögen des Anwenders und dadurch die Entscheidungsqualität zu verbessern.“[12]

Die Grundidee der EUS bzw. DSS ist, aus einer Kombination von Datenbeständen, Methoden und dem Intellekt des Anwenders interaktiv Entscheidungen abzuleiten. Praktisch angewandt sucht sich der Anwender aus einer Vielzahl von „Daten und Methoden die passenden Elemente aus, kombiniert diese und nähert sich sukzessive einer zufrieden stellenden Lösung an. (...) Das wichtigste und breitest eingesetzte Hilfsmittel für die Entscheidungsunterstützung ist zurzeit die Tabellenkalkulation.“[13]
Beispiele für Einsatzgebiete sind:

- Sortimentsuntersuchungen mittels ABC-Analysen
- Vorbereitungen von Make-or-Buy-Entscheidungen
- Nutzwertanalysen
- Auswertung komplexer Finanzierungsvarianten

---

10 Chamoni/Gluchowski, 2006, S. 6.
11 Ebenda S. 7.
12 Ebenda S. 7.
13 International Group of Controlling, 2005, S. 102.

Gerade der Siegeszug der Tabellenkalkulationsprogramme hat den EUS bei der Etablierung als Systemkategorie geholfen, so dass sie heute fast flächendeckend im Einsatz sind und gute Dienste zur Generierung und Bewertung von Entscheidungsalternativen leisten.

Auch wenn die EUS bei der Entscheidungsfindung eine gute Unterstützung leisten können, stoßen sie doch an ihre Grenzen, wenn es um die Problemerkennung und Wahrnehmung von Signalen geht. Hier haben sich die Executive-Information-Systeme (EIS) oder auch Führungsinformationssysteme (FIS) etabliert.[14]

2.2.1 Executive-Informationssysteme – EIS

Ende der 1980er Jahre wurde durch die zunehmend stärkere Rechenleistung der Bürocomputer und dem Aufkommen anwenderfreundlicher Benutzeroberflächen, wie z.B. Windows von Microsoft sowie der zunehmenden Vernetzung der vorhandenen DV-Systeme die Grundlage geschaffen, leistungsfähige Systeme zur Unterstützung des Managements aufzubauen. Der Anspruch des Managements, den Problemen anhand von Daten, Zahlen und Fakten auf den Grund zu gehen, als auch der Notwendigkeit, die wesentlichen Informationen besonders durch Hervorhebungen im Fokus zu haben, wurde nun Rechnung getragen:[15] „Executive Information Systems sollen die Informationsbedürfnisse von Executives, also Geschäftsführungsmitgliedern abdecken. Diese Personen möchten sich gerne schnell, umfassend und aktuell ein Bild über die gegenwärtige Situation des Unternehmens, den bisherigen Grad der Zielerreichung und über die zu erwartenden Ergebnisse verschaffen können. Da Executives immer zu wenig Zeit haben, stehen eine intuitive Benutzerführung am Bildschirm und eine hohe Präsentationsorientierung im Vordergrund. Typische inhaltliche Anforderungen an EIS sind:

- Abruf vordefinierter Berichte mit Drill-down-Möglichkeiten über viele Stufen, beispielsweise Absatz und Deckungsbeitrag pro Sortiment, Produktgruppe, Artikel,
- detaillierte Analysen mit grafischen Darstellungen und Textkommentaren,
- automatisierter Durchgriff auf andere Datenbanken und -quellen für im Voraus bestimmte Abfragen,
- mehrdimensionale Analysen, beispielsweise Umsatz und Deckungsbeitrag nach Kundengruppen, Regionen und Produkten,
- direkter Zugriff auf allgemeingültige Dokumente, wie die Unternehmenspolitik oder Strategiedokumentationen,
- Anschluss an elektronische Nachrichten- bzw. Informationsdienste wie Börsendienste von Reuters oder das Internet.“[16]

Führungs-Informations-Systeme sind in Deutschland sehr stark durch das EIS von SAP bekannt geworden, da es in der Wissenschaft keinen einheitlichen Oberbegriff für diese Systemkategorie gibt.[17]

---

14 Vgl. Chamoni/Gluchowski, 2006, S. 7.
15 Ebenda S. 8.
16 Vgl. International Group of Controlling, 2005, S. 108.
17 Vgl. Kemper et al., 2006, S. 114.

2.2.2 Managementinformationssysteme – MIS

Wie bereits angeführt, ist der Begriff „Management Information System" auf die 1960er Jahre zurückzuführen. „MIS verstand sich damals als total-integrierter Gesamtansatz der Managementunterstützung, scheiterte jedoch schnell aufgrund von technischen Restriktionen und unrealistischen Annahmen über die Steuerungsmöglichkeiten von Unternehmen. Im amerikanischen Raum etablierte sich der Begriff daraufhin als Sammelbegriff für alle partiellen IT-Systeme zur Unterstützung des Managements (Laudon/Laudon 2005, S. 27).

Im deutschsprachigen Bereich setzte sich eine engere, hier präferierte Abgrenzung durch. MIS werden hierbei als berichtsorientierte Analysesysteme verstanden, die sich primär interner, operativer Daten bedienen und vor allem auf die Planung, Steuerung und Kontrolle der operativen Wertschöpfungskette ausgerichtet sind."[18]

Ein Managementinformationssystem soll aktuelle, entscheidungsorientierte und auf die jeweilige Führungskraft zugeschnittene Informationen in grafischer, tabellarischer oder Textform zeitgerecht zur Verfügung stellen. Dabei werden externe und interne Informationen bereitgestellt. Managementinformationssystem ist ein Sammelbegriff für ein umfassendes, koordiniertes Informationssystem bestehend aus verschiedenen Subsystemen. Die rein berichtende Form des Managementinformationssystems wird oft als EIS (Executive Information System) beschrieben. Je nach Umfang unterstützt ein Management-Informationssystem auch Planungs- und weit reichende Datenanalysetätigkeiten, die jedoch beim Benutzer entsprechendes Verständnis für die Methoden der Datenanalyse voraussetzen.

Mit einem Managementinformationssystem sollen in erster Linie folgende Anforderungen erfüllt werden:

- periodische Bereitstellung standardisierter Berichte,
- Ad-hoc-Abfragen nach neuen Auswertungskriterien,
- Verfügbarkeit auf allen hierarchischen Führungsebenen,
- verdichtete, zentralisierte Informationen über alle Geschäftsaktivitäten,
- größtmöglichste Aktualität und Korrektheit,
- dynamische Auswertungsmöglichkeiten,
- grafische Darstellung,
- Verknüpfung von Zahlen und Kommentaren,
- Berücksichtigung von harten (Zahleninformationen) und weichen (qualitativen) Faktoren,
- Unterstützung des Planungs- und des Soll-Ist-Vergleichsprozesses,
- intuitive Bedienung des Systems."[19]

Da sich moderne MIS, EIS und DSS heute sehr stark ähneln und eine klare Abgrenzung nicht möglich ist, wird im Rahmen dieses Buches MIS als Synonym für ein umfassendes, entscheidungsunterstützendes und visualisierendes Informationssystem verstanden, das sich aus den genannten Subsystemen zusammensetzt.

[18] Kemper et al., 2006, S. 114 f.
[19] Vgl. International Group of Controlling, 2005, S. 180.

Managementinformationssysteme werden heute oft als Data Warehouse realisiert. Nachfolgende Definition von Data Warehouse findet sich im Controller-Wörterbuch:

„Ein Data Warehouse ist ein Konzept für die themenorientierte, integrierte, zeitbezogene und dauerhafte Sammlung von Informationen zur Entscheidungsunterstützung des Managements. Es ist eine, von den operativen DV-Systemen isolierte Datenbank, die als unternehmensweite Datenbasis für alle Ausprägungen von Planungs- und Auswertungssystemen dient.

Ein Data Warehouse ist nicht als eigentliches Produkt zu verstehen, sondern vielmehr als Konzept, wie eine einheitliche Datensammlung aufgebaut werden soll. Darauf aufbauend sollten dann alle anderen Informationssysteme, die im Unternehmen Einsatz finden, realisiert werden.“[20]

Ein Data Warehouse fügt aus den unterschiedlichen Datenquellen eines Unternehmens Daten zu einem gemeinsamen konsistenten Datenbestand zusammen. Dieser Datenbestand bildet dann die Basis für die Aggregation von Kennzahlen und Analysen, dem so genannten Online Analytical Processing (OLAP).

Nach Schrade stellt ein Data Warehouse eine ideale Ausgangsbasis für Managementinformationssysteme bzw. Executive-Information-Systeme im Sinne von Decision-Support-Systemen (DSS) dar, wobei die Qualität eines Data Warehouse aber von der Datenqualität der zugrunde liegenden Systeme abhängt.[21]

Data Warehouses sind auch deshalb sinnvoll, weil in Unternehmen an den verschiedensten Stellen Daten anfallen und diese entweder verloren gehen oder oft unkoordiniert in unterschiedlichen Systemen gespeichert und verarbeitet werden. Es gibt daher meist keine einheitliche Datenbasis.

2.2.3 OLAP-Analysesysteme

Die fortschreitende Technik im Bereich der Computersysteme macht es heute möglich, auch umfangreiche Auswertungen online abzufragen. Daraus entstand die Forderung nach flexiblen Analyse-Tools, die dem Anwender sofort Auswertungen auch größerer Datenmengen ermöglicht. Diese Online-Analytical-Processing-Systeme ermöglichen individuelle Auswertungen und können mit Drill-down-Funktionen die Kennzahlen weiter aufbrechen. In der Praxis findet man immer häufiger Anwendungen, in denen OLAP-Funktionalitäten in Tabellenkalkulationsprogramme eingebunden werden. Wenn im Weiteren von einem modernen MIS gesprochen wird, wird auch die OLAP-Funktionalität für das Managementinformationssystem eingeschlossen.[22]

2.2.4 Zusammenfassung Informationssysteme

Zusammenfassend lassen sich die dargestellten Systemkategorien der MIS, EIS, DSS und OLAP den Management-Support-Systemen zuordnen. Diese Management-Support-Systeme geben den Führungskräften die Möglichkeit, Entscheidungen transparent zu machen, und unterstützen dadurch wesentlich bei der Entscheidungsfindung.

---

20 Ebenda S. 68f.

21 Vgl. A. Schrade: Data Warehouse – Die strategische Waffe für den Unternehmenserfolg, in Controller Magazin, Nr. 2, 1997, S. 140.

22 Vgl. Kemper et al., 2006, S. 101.

Das macht den Wunsch des Managements nach aggregierten Kennzahlen auf strategischer Ebene deutlich und es ist ihm auch unzumutbar, sich die Daten aus den IS selbst zusammenzustellen. Die folgende Abbildung macht deutlich, dass die entscheidungsrelevanten Daten in den betriebswirtschaftlichen Subsystemen, wie z.B. dem Vertriebsinformationssystem (VIS), dem Produktionsplanungssystem (PP) oder dem Personalsystem (HR) integriert sind, um nur einige zu nennen. Die hier entstehende Datenflut muss gebündelt und verdichtet werden, um keinen Informationsverlust für das Management entstehen zu lassen, der strategische Entscheidungen eher behindert als fördert. Darüber hinaus kann es auch nicht die Aufgabe des Managements sein, diese Informationen selbst zu verdichten, sondern es müssen aus den verschiedenen Datenquellen die Informationen in einem aggregierten strategischen MIS konzentriert für eine selektive Betrachtung bereitgestellt werden. Darüber hinaus sollte das MIS aber nach den oben dargestellten Methoden in der Lage sein, mittels Drill-down-Funktionalitäten die verdichteten Informationen bei Bedarf gezielt zu differenzieren, indem die Kennzahlen wieder nach unten aufgelöst werden können.

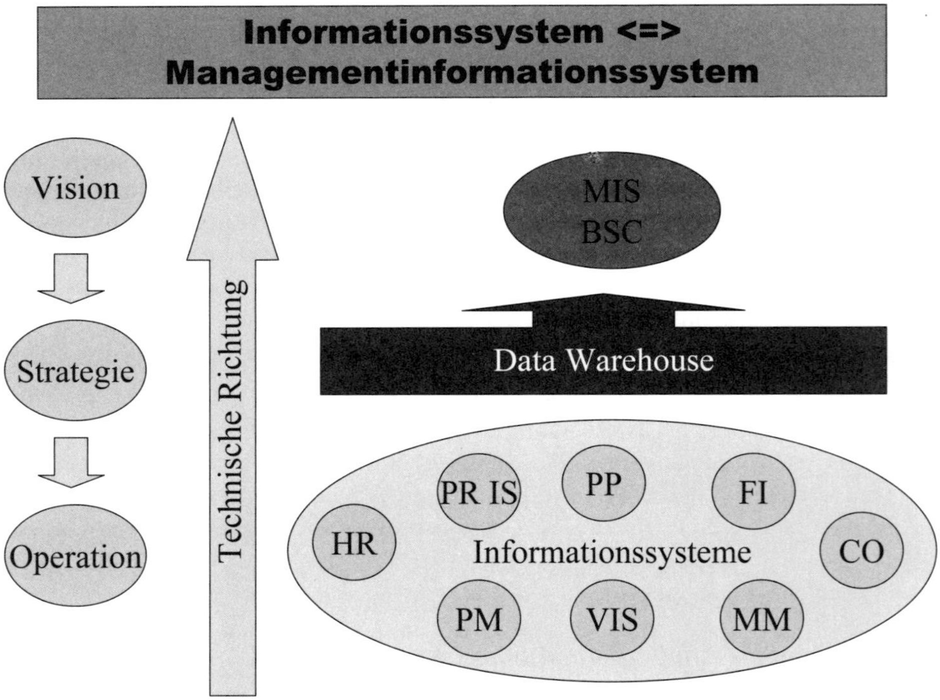

Abbildung 1: Datenentstehung für ein MIS[23]

Ein wesentlicher Kritikpunkt der meisten Systeme besteht darin, dass das MIS nicht aus einer betriebswirtschaftlichen Sicht top down aufgebaut wird. Gemeint ist hier der Beginn bei der Vision, aus der die Strategie und im nächsten Schritt die Operation abgelei-

23 Vgl. Schermann, 2007, S. 3.

tet und in diesem Sinn auch das MIS mit Daten gefüllt wird. Vorherrschend wird der technische Weg bottom up eingeschlagen, wo die vorhandenen Daten aus den einzelnen Informationssystemen bestimmen, was im MIS abrufbar ist, indem die Informationssysteme über ein Data Warehouse zusammengefasst und in einem MIS die daraus aggregierten Daten bereitgestellt werden. Ein MIS sollte stets dem Anspruch genügen, dass die Ziele und Kennzahlen top down aus der Vision bis zum MA abgeleitet werden.

2.3 Die Balanced Scorecard

2.3.1 Der Begriff der Balanced Scorecard im Zusammenhang mit Informationssystemen

Die praktische Anwendung einer Balanced Scorecard mit IT-Unterstützung stellt ein typisches Managementinformationssystem dar.

Sinnvollerweise wird eine BSC deshalb auch nur in Zusammenhang mit Data Warehousing geführt. Das Data Warehouse ist für ein BSC-System sicher eine ideale Grundlage, im Data Warehouse werden Unternehmensdaten aus allen Geschäftsbereichen integriert, bereinigt und über die Zeit hinweg gesammelt. Darüber hinaus werden externe Daten, die im Sinne des Benchmarkings wahrscheinlich für jede BSC unbedingt notwendig sind, im Data Warehouse mit den internen Daten integriert. Aus diesem Datenpool können in der Folge die Istwerte der BSC-Kennzahlen abgeleitet werden.

2.3.2 Definitionen des Begriffes Balanced Scorecard

Uebel und Helmke definieren die Balanced Scorecard sehr ausführlich als ausgewogenes Managementsystem: „Übersetzt kann der Begriff der BSC als ausgewogene Kennzahlenübersicht bezeichnet werden. Die BSC ist ein ganzheitliches Management- und Kennzahlensystem. Bei der BSC werden ausgehend von der Strategie die Unternehmensziele abgeleitet und mit Steuerungskennzahlen verknüpft. Dabei werden neben den finanziellen Zielgrößen auch nicht-monetäre, nicht in Geldeinheiten ausdrückbare Perspektiven mit einbezogen. Die nicht-monetären Ziele sind über Ursache- Wirkungs-Beziehungen mit den Finanzkennzahlen des Unternehmens verbunden. Häufig werden dazu die Perspektiven Markt, Mitarbeiter und Prozesse vorgeschlagen. Sie dienen zur Zielvorgabe durch die Festlegung von Sollwerten und zur Erfolgskontrolle mithilfe von Soll-Ist-Vergleichen. Das Kennzahlensystem setzt sich sowohl aus Ergebniszahlen wie Kapitalrentabilität als auch aus Leistungstreibern zusammen. Leistungstreiber wie Ausfall- und Durchlaufzeiten dienen als vorlaufende Indikatoren dazu, frühzeitig auf Fehlentwicklungen aufmerksam zu machen, bevor sich die negativen Folgen auf das Finanzergebnis auswirken. Somit werden Erfolgsfaktoren des Unternehmens aktiv in den Steuerungsprozess einbezogen. Zur Erreichung der Sollvorgaben sind Maßnahmen in allen Ebenen zu planen und durchzuführen. Angepasste Anreizsysteme unterstützen dabei ein an den Unternehmenszielen ausgerichtetes Handeln der Mitarbeiter."[24]

Eine andere Definition des Begriffes BSC legt den Fokus auf Kennzahlen. „Balanced Scorecard ist ein umfassend strukturiertes Kennzahlensystem, das es erlaubt, ein

[24] Uebel/Helmke, 2003, S. 11.

Unternehmen mit Kennzahlen strategisch zu führen. Hierbei geht es um verschiedenartig ausgerichtete Kennzahlen (Leistungswirkung, Leistungsmerkmale, Prozessqualität, Kundenzufriedenheit, finanzwirtschaftliche Aspekte), die zusammen ein ganzheitliches Bild ergeben."[25]

Sieht man die BSC als Performance-Measurement-Instrument, so gilt nachfolgende Definition: „Die Balanced Scorecard ist ein Perfomance-Measurement-Instrument, das eine ganzheitliche und ausgeglichene Betrachtung des Unternehmens aus verschiedenen Perspektiven erlaubt – mit dem Ziel einer klaren strategischen Ausrichtung auf die für sie relevanten Märkte."[26]

Des Weiteren bedeutet die wörtliche Übersetzung nicht nur eine ausgewogene Wertungsliste, sondern auch einen ausgeglichenen Berichtsbogen, der innerhalb eines Managementsystems erstellt, verändert und weiterentwickelt wird. Die Ausgewogenheit des Berichtsbogens manifestiert sich in der Tatsache, dass nicht nur der finanzwirtschaftliche Bereich betrachtet wird, sondern dass zusätzlich Ziele und Kennzahlen in drei weiteren Bereichen definiert werden:

- Bereich der Kunden,
- Bereich der internen Geschäftsprozesse (Sortiment/Lieferant),
- Bereich des Lernens und der Entwicklung der Mitarbeiter definiert.[27]

Die wohl aus Controllingsicht bedeutsamste Definition wurde von der International Group of Controlling erarbeitet, deren 27 Mitglieder aus den wichtigsten und renommiertesten Controlling- und Wirtschaftsinstituten in Mitteleuropa den Begriff der BSC wie folgt beschreiben: „Mit der BSC soll eine ausgewogene Steuerung mittels Kennzahlen erreicht und in das Berichtswesen integriert werden. Es sollen im Gegensatz zu herkömmlichen Kennzahlensystemen, neben den rein finanz- und ergebnisorientierten Größen auch nicht-monetäre Elemente (z.B. Kennzahl ‚Anzahl erworbener Neukunden') in die Ergebnisbeurteilung einbezogen werden. Auf die Ausgewogenheit der Gewichtung der verschiedenen Kennzahlen wird besonders Gewicht gelegt, da mit der BSC nicht nur Kennzahlensystematik gemeint ist, sondern auch die strategiekonforme Umsetzung der Ziele durch das Management angestrebt wird. Die BSC besteht in ihrer klassischen Form aus vier Steuerungsperspektiven: Finanz- und Wertperspektive, Markt- und Kundenperspektive, interne Prozessperspektive und Innovations- und Wissensperspektive. Die Kennzahlen aller vier Perspektiven sollen durch Ursache-Wirkungsketten miteinander verbunden sein und vor allem dafür sorgen, dass die personellen und materiellen Ressourcen zur Verwirklichung der künftigen Erfolgspotentiale eingesetzt werden. Die Hauptschwierigkeit der BSC besteht darin, die Ziele auf einzelnen Personen, Organisationseinheiten und Prozesse herunterzubrechen und Messgrößen zu finden, deren Resultat direkt von den betroffenen Personen beeinflusst und damit auch verantwortet werden können. Deshalb kann eine BSC nicht als fertige Kennzahlenstruktur übernommen werden, sondern ist für jede damit auszustattende Einheit individuell zu entwickeln."[28]

---

25 Vgl. http://www.uni-frankfurt.de/org/ltg/admin/ines/glossar.html, 11.07.07.
26 Vgl. http://www.vatech.at/view.php3?r_id=1055&LNG=DE, 11.07.07.
27 Vgl. http://www.proccess.ch/glossar.htm#B, 11.07.07.
28 International Group of Controlling, 2005, S. 18.

Zusammenfassend kann gesagt werden, dass die BSC mit Hilfe von ausgewogenen Kennzahlen

- Strategien im Unternehmen übersetzt und kommuniziert sowie
- deren Umsetzung mit verschiedenen Cockpitsystemen dokumentiert und
- mittels grafischer Darstellungen (z.B. Ampeldarstellungen) bewertet.

Die vier Grundperspektiven sind die Ausgangsbasis, mit denen ein Gleichgewicht gebildet werden soll: Entwicklung bzw. Mitarbeiter, Prozesse, Kunden und Finanzen.

2.3.3 Entstehung der Balanced Scorecard

Anfang der 1990er Jahre entwickelten Robert S. Kaplan und David P. Norton im Rahmen eines Forschungsprojektes an der Harvard University die Balanced Scorecard als neues Führungs- und Kennzahlensystem. Kaplan und Norton folgten bei der Entwicklung der BSC dem Gedanken, dass die Steuerung von Unternehmen mit ausschließlich finanziellen Kennzahlen der unternehmerischen Umwelt nicht gerecht wird. Ihres Erachtens sollten weitere wesentliche Dimensionen oder Perspektiven des Unternehmens und des Unternehmensumfeldes berücksichtigt werden, um nicht nur durch vergangenheitsbezogene finanzielle Erfolgsgrößen, sondern auch mittels zukunftsbezogener nichtmonetärer Leistungsgrößen zu steuern. Als diese zusätzlichen Unternehmensperspektiven erkannten Kaplan und Norton geeignete Informationen über die Kunden, die Mitarbeiter bzw. die Anpassungsfähigkeit des Unternehmens sowie die internen Prozesse. Mit diesen wesentlichen Informationen aus den verschiedenen Bereichen des Unternehmens sollte die Versorgung mit entscheidungsrelevanten Informationen die Steuerung wesentlich verbessern.

2.3.4 Grundkonzeption der Balanced Scorecard

Ausgehend von diesem Grundansatz entwickelte sich die BSC in der Umsetzung verschiedener Projekte schnell weiter, wie Gaiser, Fink und Greiner aufzeigen. „Doch schon bald zeigte sich, dass die BSC mehr kann: Bei entsprechender Auswahl der Ziele und Messgrößen verdeutlicht sie die strategische Stoßrichtung der Organisation und macht diese zugleich einer Messung zugänglich. Dabei kann sich die BSC den durch die Motivationslehre belegten Zusammenhang zunutze machen, dass Ziele Verhalten beeinflussen. Bei richtiger Auswahl und Operationalisierung der Ziele kann die Haltung der Organisationsmitglieder mit den strategischen Anforderungen in Einklang gebracht werden. Dadurch erhöht sich deren Realisierungswahrscheinlichkeit.“[29]

Das heißt, ausgehend von einer Strategie, die neben den Shareholdern auch andere Stakeholder und die Umwelt berücksichtigt, werden kritische Erfolgsfaktoren bestimmt und daraus ein Kennzahlensystem abgeleitet, das dann die Messgrößen für die Erreichung von strategischen Zielen repräsentiert. In einem kontinuierlichen Prozess werden Ziele und Zielerreichung überprüft und durch weitere Maßnahmen bzw. Aktionen gesteuert.

Damit wird die BSC zu einem Führungsinstrument, das es dem Management ermöglicht, die von der Unternehmensführung entwickelte Vision und Strategie in Ziele und

[29] Horváth & Partner, 2004, S. 2.

Maßnahmen zu überführen und dann im nächsten Schritt auf das gesamte Unternehmen zu übertragen. Nach Kaplan und Norton schafft die BSC einen Rahmen und eine Sprache, um die Vision und die Strategie zu vermitteln. Dabei werden Kennzahlen verwendet, um Mitarbeiter über eine erfolgreiche Umsetzung der Unternehmensstrategie zu informieren.[30]

Die Stärken und die Funktionen der BSC können folgendermaßen zusammengefasst werden:

Die BSC...

- ...ist ein Führungsinstrument, das Vision und Strategie zu einem effizienten Werkzeug verbindet, um strategische Absichten zu kommunizieren, zu motivieren und die Leistung in Richtung der festgelegten Ziele zu lenken.
- ...verbindet strategische Ziele mit messbaren Aktionen. Die BSC hilft bei der Implementierung des Plan- und Steuerwachstums durch einfache Darstellung und Verknüpfung vieler scheinbar unvereinbarer Elemente der Tagesordnung der Unternehmung.
- ...hilft, die Vielzahl an Leistungskennzahlen in ein geschlossenes System zusammenzuführen.
- ...hilft, das Geschäft sowohl aus einem finanziellen als auch nichtfinanziellen Blickwinkel zu betrachten.
- ...ist zukunftsorientiert, wobei sie den größtmöglichen Wert aus historischen Daten und operativer Erfahrung schöpft, und gleichzeitig dazu auffordert, für und in die Zukunft zu planen.

Die Konzeption der BSC sieht in der Scorecard kein Kontrollsystem, sondern eine Kombination aus Informations-, Lern- und Kommunikationssystem, das Informationen aus den verschiedenen Unternehmensbereichen zusammenfasst und zur Steuerung des Unternehmenserfolges bereitstellt. Kaplan und Norton schlagen aus ihrer Sicht vier differenzierte Unternehmensbereiche vor, indem sie die Finanzperspektive, die Kundenperspektive, die interne Prozessperspektive und die Lern- und Entwicklungsperspektive nennen.[31]

2.3.5 Intention der Balanced Scorecard

Die Kommunikation der strategischen Zielerreichung ist der Ausgangspunkt für die notwendige Verbindung zwischen Strategie und Operation. Die Strategie wird den einzelnen Mitarbeitern im Unternehmen vermittelt, damit in weiterer Folge Subziele für die einzelnen Geschäftsbereiche abgeleitet und definiert werden können. Dadurch entstehen operationale Ziele, die in direktem Zusammenhang mit der strategischen Zielerreichung stehen.

Anhand der Ziele werden Kennzahlen ausgewählt, die möglichst repräsentative Indikatoren für die jeweilige Zielerreichung sind. Das Besondere an der BSC ist, dass sie sich nicht nur finanzieller, sondern auch nicht-finanzieller Ziele und Maßgrößen bedient, um den Unternehmenserfolg darzustellen. Sie verwendet diese Ziele und Kenn-

30 Vgl. Kaplan/Norton, 1997, S. 23.

31 Vgl. Kaplan/Norton, 1997, S. 24.

Perspektive	Beschreibung
Finanzen	Die finanzielle Dimension eines Unternehmens wird traditionell in Jahres- oder Quartalsabschlüssen dargestellt. Sie beinhaltet Informationen über die Vermögens-, Finanz- und Ertragslage eines Unternehmens.
Kunden	Eine kundenorientierte Sichtweise liefert Informationen über die Positionierung des Unternehmens in bestimmten Marktsegmenten, über die Kundenzufriedenheit oder die Kundenbindung.
Geschäftsprozesse	Auf Ebene der Geschäftsprozesse erfolgt die Beschreibung des Unternehmens anhand der einzelnen im Unternehmen implementierten Arbeitsabläufe.
Lernen und Wachstum	Die vierte Dimension beinhaltet so genannte weiche Erfolgsfaktoren. Dieses sind die Motivation und der Ausbildungsstand der Mitarbeiter, der Zugang zu relevanten externen Informationsquellen und die Organisation des Unternehmens.

Tabelle 2: Perspektiven der BSC

zahlen, um Mitarbeiter über Faktoren des gegenwärtigen und zukünftigen Erfolgs zu informieren.

Darüber hinaus reduziert die BSC die betrachteten Ziele und Kennzahlen auf ein sinnvolles Maß. Es werden nur jene betrachtet, die in direktem Zusammenhang mit dem Unternehmenserfolg stehen. Somit bildet die BSC eine Ausgangsbasis zur Auswahl von Maßnahmen und hilft, den internen Informationsfluss zu bewältigen.

2.4 Die Einbettung der Balanced Scorecard im Rahmen des Controlling

Der Begriff des Controlling wird in der Literatur sehr unterschiedlich definiert, da bei einem derart umfangreichen und komplexen Gebilde wie dem Controlling oft einzelne Segmente zur Begriffsdefinition herausgegriffen werden. So stellen Uebel und Helmke fest, dass der Begriff Controlling praxisgetrieben entstanden ist. „In der Betriebswirtschaft findet sich (...) kein fester terminologischer Ansatz für diesen Begriff. Vielmehr existieren verschiedene Ansätze, wovon sich drei als Hauptansätze herauskristallisiert haben. Dies ist erstens der Ansatz, der dem Controlling eine Funktion als Informationsversorgung zur Unterstützung der Unternehmenssteuerung im Unternehmen zuschreibt. Zweitens ist hiervon der Ansatz zu unterscheiden, der Controlling als Form der Führung mit dem Ziel einer erfolgsorientierten Steuerung und Überwachung ansieht. Drittens ist der Ansatz zu nennen, der Controlling als Koordinationsfunktion der Führungsteilsysteme Zielsystem, Planungs- und Kontrollsystem, Informationssystem, Organisationssystem und Personalführungssystem versteht. Dem letztgenannten Ansatz wird derzeit in aktuellen theoretischen Diskussionen die größte Bedeutung beigemessen.“[32]

So wird Uebel und Helmke entsprechend in der Management-Literatur Controlling häufig als Teil des Managementprozesses angesehen, was auch von Peemöller bestätigt

[32] Uebel/Helmke, 2003, S. 18.

wird.[33] Im Sinne eines institutionalisierten Begriffsansatzes bedeutet Controlling nach Weber eine komplexe und umfassende Führungsfunktion.[34] Reichmann definiert Controlling nach einer formalen Betrachtungsweise in seinen wesentlichen Zielen als „die Unterstützung der Planung, die Koordination der einzelnen Teilbereiche sowie die Kontrolle der wirtschaftlichen Ergebnisse."[35] Weber und Schäffer ergänzen den Controllingbegriff um eine weitere Sicht, die der Rationalitätssicherung, und verstehen darunter die effiziente Mittelverwendung bei gegebenem Zweck.[36]

Fasst man die Definitionen und Begriffsansätze zusammen, wird deutlich, dass Controlling weniger im Sinne von Kontrolle zu verstehen ist, als viel mehr in der Grundfunktion des Steuerns und Navigierens anzusehen ist. Vor diesem Hintergrund ist es auch passend, im Deutschen den Begriff Controlling statt Kontrolle zu verwenden, da der englische Begriff „to control" auf steuern und regeln abzielt. Diese Grundausrichtung im Sinne eines Regelkreises beschreibt die Aufgabenstellung des Controlling am besten, da das Unternehmen durch das steuernde Korrigieren „auf Kurs" gehalten wird, das Unternehmensziel zu erreichen.

Grundsätzlich lassen sich zwei Bereiche des Controlling unterscheiden:[37]

- **Operatives Controlling** befasst sich mit der kurzfristigen Planung, Kontrolle und Steuerung, mit der Zielsetzung, Kurskorrekturen des Unternehmens bei Abweichung vorzunehmen.
- **Strategisches Controlling** befasst sich mit der langfristigen Existenzsicherung des Unternehmens, indem Chancen und Risiken aufgedeckt werden sollen.

Auch wenn operatives und strategisches Controlling begrifflich voneinander differenziert werden, können sie nicht voneinander getrennt werden, da ständige Wechselwirkungen zwischen den beiden Bereichen bestehen.[38]

Die zu beobachtenden zunehmenden Umwälzungen und damit verbundenen Unsicherheiten im politischen, gesellschaftlichen und wirtschaftlichen Unternehmensumfeld erhöhen die Notwendigkeit, dass Unternehmen die potenziellen Chancen und Gefahren ständig neu ausloten, damit die strategische Ausrichtung daran angepasst werden kann. Eine rein auf operative Kenngrößen ausgerichtete Unternehmensführung würde meist zu spät auf den Wandel im Unternehmensumfeld reagieren.

Aufgabe des strategischen Controlling ist die Unterstützung der strategischen Unternehmensführung bei der strategischen Planung, ausgehend von der Zielfindung und -definition, bis zur Realisation und Kontrolle. In diesem Kontext müssen Einzelaufgaben wie folgt erwähnt werden:

- Unterstützung der strategischen Planungsaufgaben
- Koordination und Umsetzung der strategischen Planung in operative Planung
- Aufbau der Informationsversorgung und Durchführung der Kontrolle

33 Vgl. Peemöller, 2002, S. 32.
34 Vgl. Weber, 1998, S. 2.
35 Vgl. Reichmann, 2006, S. 4.
36 Vgl. Weber/Schäffer, 2000, S. 190.
37 Vgl. Vollmuth, 2004, S. 8.
38 Vgl. ebenda S. 8.

Betrachtet man die Informationsversorgungsaufgabe des strategischen Controlling genauer, ist die Sicherstellung einer entscheidungsvorbereitenden Informationsbereitstellung für das Management gemeint. Das umfasst auch die Bereitstellung der strategischen Instrumente, wie Portfolio-Analysen, GAP-Analysen, Road-Mapping oder Szenario- und SWOT-Analysen, um nur einige zu nennen.[39]

Die BSC wird häufig als Controllingsystem bezeichnet, da sie das Management mit Informationen zur Korrektur und Vorausschau versorgen kann, aber auch strategisches Lernen initiiert.

2.4.1 Schnittstelle Balanced Scorecard zum strategischen Controlling

Die BSC kann sowohl als strategisches als auch als operatives Controllinginstrument betrachtet werden, da durch die Unternehmensstrategie in der BSC die strategische Komponente zum Tragen kommt. Andererseits ist das operative Controllinginstrument durch das Herunterbrechen der strategischen Ziele auf sinnvolle Kennzahlen wieder zu finden.[40]

Wie weiter oben bereits beschrieben, ist es Aufgabe des strategischen Controlling, strategische Planungs-, Kontroll- und Informationsversorgungsprozesse zu koordinieren und somit die strategischen Entscheidungen in die operative Ebene zu überführen, damit die operativen Prozesse im Sinne der Zielerreichung gesteuert werden können. Genau hier ist eine der Stärken der BSC zu finden, indem sie die Unternehmensstrategie in die operativen Einheiten herunterbrechen kann und so die Lücke zwischen Strategie und Operation schließt, indem durch die BSC Informationen und Kennzahlen der verschiedenen Perspektiven miteinander verknüpft werden. Die so entstehenden Informationen können dahingehend genutzt werden, Abweichungen vom strategischen Plan zu korrigieren (Korrekturfunktion) oder mit den gewonnenen Frühindikatoren zukünftige Anpassungserfordernisse zu erkennen und Maßnahmen darauf abzustellen (Antizipationsfunktion). Im Weiteren kann hier auch ein strategisches Lernen initiiert werden, indem erfolgreiche Maßnahmen fortgeführt werden, während Maßnahmen, die sich nicht bewährt haben, eingestellt werden.[41]

2.4.2 Schnittstelle Balanced Scorecard zum operativen Berichtswesen

Weber definiert die Aufgaben des Controlling hinsichtlich der Informationsversorgung des Managements nicht als das einfache Bereitstellen von Kennzahlen und Informationen, sondern als Transparenzverantwortung. Das bedeutet, dass die bereitgestellten Informationen in Form von Kennzahlen entsprechend aufzubereiten sind.[42] Im Management-Lexikon wird diese Verantwortung des Controlling folgendermaßen zusammengefasst: „Durch die Berichterstattung soll schriftlich, nach Möglichkeit und Bedarf auch mündlich, dargelegt werden, wieweit einzelne berichtende Einheiten ihre Ziele erreicht haben, wo sie davon abgewichen sind, was die wichtigsten Gründe dafür sind und mit

---

39 Vgl. Reichmann, 2006, S. 555 ff. Siehe auch Peemöller, 2003, S. 118.

40 Vgl. Uebel/Helmke, 2003, S. 19.

41 Vgl. Stoll, 2003, S. 138 f.

42 Weber, 1998, S. 320.

welchen Korrekturmaßnahmen die Führungskräfte vorsehen, die Zielerreichung zu sichern."[43]

Der Grundaufbau einer BSC sieht für jede Perspektive mehrere Kennzahlen vor, die aus den strategischen Zielen abgeleitet sind. In dieser Funktion als Kennzahlensystem liefert die BSC die operativen Kennzahlen für das Berichtswesen. Auf diese Weise dient sie als Lieferant für die Datengrundlage des Reporting, die dann entsprechend aufbereitet und gegebenenfalls grafisch dargestellt werden müssen. Hier haben sich verschiedene Managementinformationssysteme etabliert, die für die verschiedenen Managementebenen Reports aufbauen und so die Informationsdichte auf die Zielgruppe zuschneiden, um eine Informationsüberflutung zu vermeiden und zielorientiert nur die entscheidungsrelevanten Informationen bereitzustellen.

---

43 http://manalex.de/d/berichtswesen-controlling/berichtswesen-controlling.php, 20.07.2007.

3 Balanced Scorecard nach Kaplan und Norton

3.1 Gründe und Zielsetzung einer Balanced Scorecard

3.1.1 Zielsetzung einer Balanced Scorecard

Die Lücke zwischen der entwickelten Unternehmensstrategie und deren Umsetzung ist kein neues Thema in der Betriebswirtschaftslehre, jedoch gab es keine Instrumente, die den Gap zwischen Strategie und Operation zu schließen vermochen. Kaplan und Norton waren die Ersten, die für dieses Problem einen Lösungsansatz präsentierten, den sie dann auch entsprechend publiziert und vermarktet haben, was mit ein Teil ihres Erfolges sein mag.

Zu Beginn der Entwicklung der BSC stand jedoch ein anderer Ansatz im Vordergrund: „Wenn man die Entwicklung der Arbeiten von Kaplan und Norton betrachtet, dann stellt man fest, dass bei beiden Autoren der traditionellen BSC am Anfang ihrer konzeptionellen Arbeit die Kritik an den klassischen finanziellen Kennzahlensystemen im Vordergrund stand. Sehr schnell wurde jedoch von ihnen erkannt, dass das eigentlich zu lösende Problem die Überbrückung der Kluft zwischen Strategiefindung und Strategieumsetzung ist. Der Einsatz der Balanced Scorecard, die ein Konzept für ein Managementsystem darstellt, erlaubt es nach Kaplan/Norton, vier kritische Managementprozesse zu meistern:

- Klärung und Herunterbrechen von Visionen und Strategien
- Kommunikation und Verknüpfung von strategischen Zielen und Maßnahmen
- Planung, Festlegung von Zielen und Abstimmung strategischer Initiativen
- Feedback zur Überprüfung der Zielerreichung und zum Initiieren von Lernprozessen."[44]

3.1.2 Gründe für die Einführung einer Balanced Scorecard

Die klassischen Kennzahlengrößen beschäftigen sich hauptsächlich mit den monetären und datenbasierenden Steuerungskennzahlen der Unternehmen. Die Beschränkung auf Gewinngrößen liefert ein eindeutiges, einfaches Ziel, erfordert aber vom Management, alle Handlungen in ihren kurz- und langfristigen Wirkungen auf den Gewinn abschätzen zu können.

Aber auch wenn das Unternehmen seine Kennzahlensysteme zur Unternehmenssteuerung auf nicht monetäre Steuerungsgrößen basiert, besteht die Gefahr, dass auf Grund der Komplexität und der fehlenden Möglichkeit, die einzelnen Steuerungsgrößen in ihrer Bedeutung gegeneinander aufzuwiegen, zu viele ungewichtete Kennzahlen nebeneinander entstehen und der Gesamtzusammenhang verloren geht.

Das führt zu dem klassischen Problem bei der Strategieumsetzung, nämlich dass die Lücke zwischen der strategischen Unternehmensplanung und der operativen Umsetzung die Strategie in der Praxis scheitern lässt.

---

[44] http://www.ebz-beratungszentrum.de/organisation/bsc-teil3.htm.

„Nach Kaplan/ Norton wurden vier Hindernisse bei der Strategieumsetzung identifiziert:

- ‚The Vision Barrier': Strategien lassen sich nicht in konkrete Steuerungsgrößen übersetzen und bleiben deshalb unverstanden.
- ‚The People Barrier': Strategien lassen sich nicht mit den Zielvorgaben und Incentives einzelner Mitarbeiter bzw. Abteilungen verknüpfen.
- ‚The Resource Barrier': Es gibt keine Verbindung zwischen Strategie und operativer Planung bzw. Budgetierung.
- ‚The Management Barrier': Es finden nur operative Kontrollen anstelle strategischer Kontrollen statt."[45]

Voraussetzung für den erfolgreichen Einsatz einer BSC ist aber, dass eine bereits ausformulierte vom Management akzeptierte Vision und Strategie vorliegt. Diese grundlegende Managementaufgabe kann die BSC nicht leisten. Liegt aber eine Vision und Strategie vor, kann die BSC ein wirksames Instrument sein, die Strategie im Unternehmen mit Leben zu füllen.

3.2 Aufbau der Balanced Scorecard nach Kaplan und Norton

Die folgenden Ausführungen zur BSC beschränken sich auf das Ursprungskonzept von Kaplan und Norton, obwohl bzw. gerade weil in der Praxis inzwischen eine große Anzahl an Abwandlungen zur BSC zu finden ist.

Durch ihre empirischen Arbeiten konnten Kaplan und Norton nachweisen, dass die BSC dann am erfolgreichsten eingesetzt werden kann, wenn mindestens vier Perspektiven berücksichtigt werden, die in einem ausgewogenen Verhältnis zueinander stehen.[46]

Kaplan und Norton sind sich aber durchaus darüber im Klaren, „dass die Scorecard als Schablone und nicht als Zwangsjacke gedacht ist. Es gibt keine mathematische Formel, die beweist, dass vier Perspektiven notwendig und ausreichend sind. Wir müssen noch sehen, wie Unternehmen mit weniger als vier Perspektiven zurechtkommen. Je nach Branchenbedingungen und Geschäftseinheitsstrategie könnte sogar eine weitere Perspektive notwendig werden."[47]

Die Auswahl der einzelnen Perspektiven, die jedem Unternehmen grundsätzlich freigestellt ist, soll helfen, Vision und Strategie zu erläutern und zu vereinfachen.[48]

Erfolgsbestimmend bei der Auswahl der strategischen Perspektiven ist die strategische Zielerreichung, die sich naturgemäß in jedem Unternehmen anders darstellt. Die Studien von Kaplan und Norton haben jedoch gezeigt, dass die vier Perspektiven, die in der Abbildung 2 dargestellt sind, in den meisten Unternehmen wesentlich sind.

Für jede Perspektive werden der Strategie entsprechende Oberziele formuliert und geeignete Maßgrößen festgesetzt. Anhand dieser Kennzahlen werden Sub-Ziele definiert und innerhalb jeder Perspektive Aktionsprogramme ausgewählt. Dabei wird beson-

---

45 Ebenda http://www.ebz-beratungszentrum.de/organisation/bsc-teil3.htm.
46 Vgl. Horváth & Partner, 2004, S. 45.
47 Kaplan/Norton, 1997, S. 33.
48 Vgl. Eschenbach/Haddad, 1999, S. 66.

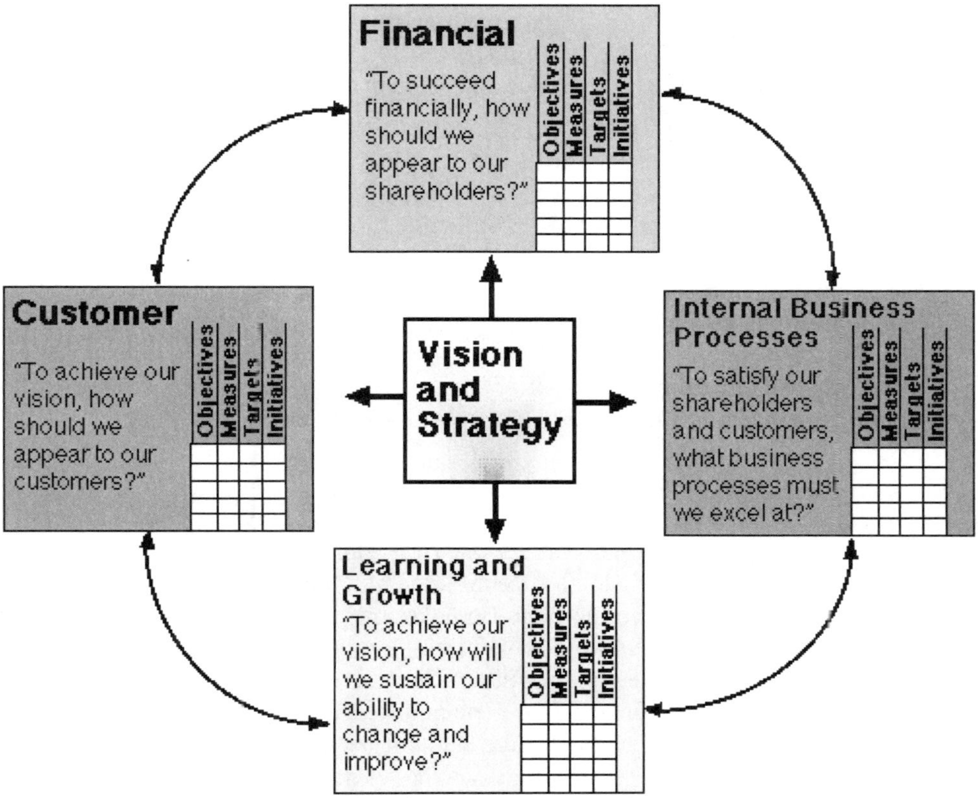

Abbildung 2: Die vier Perspektiven der BSC[49]

derer Wert auf die Balance zwischen den Perspektiven und den darin ausgesuchten Zielen und Maßgrößen gelegt. Sie müssen miteinander in Verbindung stehen und sich gegenseitig ausgleichen. Die ausbalancierte Gesamtheit von Zielen und Maßgrößen spiegelt die Strategie des Unternehmens wider.

3.2.1 Vier Perspektiven der Balanced Scorecard

3.2.1.1 Finanzperspektive

„Innerhalb der Finanzperspektive muss die Frage beantwortet werde, welche Zielsetzungen sich aus den finanziellen Erwartungen der Kapitalgeber ableiten lassen."[50]

Dementsprechend definiert sich die Finanzperspektive als die finanzielle Leistung, die von der Strategie erwartet wird. In der nachfolgenden Abbildung ist dargestellt, in welche vier Kernbereiche Finanzkennzahlen zusammengefasst werden können.

Anhand der Finanzziele des Unternehmens ist es in weiterer Folge möglich, die Ziele und Kennzahlen der anderen BSC-Perspektiven festzulegen, sodass die Finanzper-

[49] Kaplan/Norton, 1997, S. 9.
[50] Gerberich, 2006, S. 41.

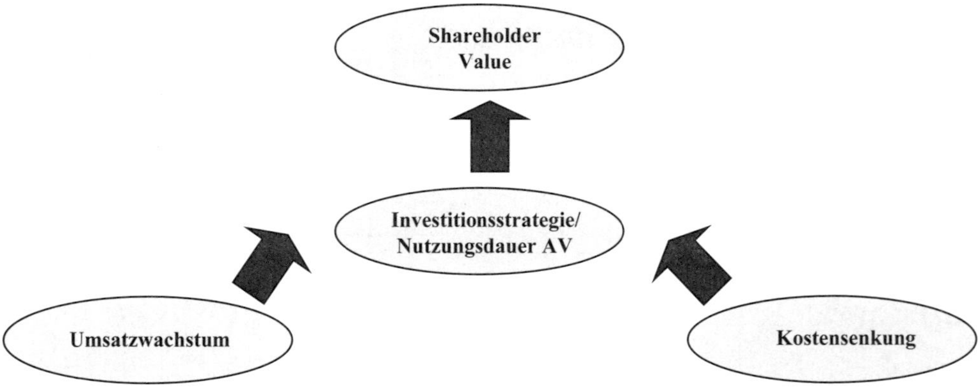

Abbildung 3: Kernbereiche der Finanzkennzahlen

spektive als Endziel für die Ziele und Kennzahlen aller anderen Scorecard-Perspektiven dient. So empfehlen Kaplan und Norton auch, bei der Auswahl der Ziele und Kennzahlen bei der finanzwirtschaftlichen Perspektive zu beginnen, da die finanzwirtschaftlichen Ziele als Fokus für die Ziele und Kennzahlen aller anderen Perspektiven dienen. Dies ist leicht nachzuvollziehen, da ohne Berücksichtigung der finanzwirtschaftlichen Seite des Unternehmens im Sinne von Rentabilität, Liquidität und Stabilität kein Unternehmen langfristig Erfolg haben und somit auf Dauer existieren kann.[51]

Bei der Formulierung der finanziellen Ziele und Kennzahlen sollte deshalb die Existenzberechtigung des Unternehmens für die Zukunft nachgewiesen werden. Nur wenn Kapitalgeber ihre finanziellen Erwartungen erfüllt sehen, werden sie in das Unternehmen investieren. „Jede gewählte Kennzahl sollte ein Teil der Kette von Ursache und Wirkung sein, die schließlich zur Verbesserung der finanziellen Leistung führt.“[52]

So ist es sinnvoll, je nach Lebenszyklus des Unternehmens unterschiedliche Ziele festzulegen, wie zum Beispiel Umsatzerlöse, Marktwachstum, Rentabilität (Du Pont, ROCE), Cashflow, Net Working Capital, Steigerung des Unternehmenswertes (SHV, EVA). Mit der zeitlichen Entwicklung eines Unternehmens müssen auch die Kennzahlen der Finanzperspektive weiterentwickelt und angepasst werden.

3.2.1.2 Kundenperspektive

„Die Kundenperspektive betrachtet die Fragestellung, welche Ziele sich aus den Kundenanforderungen ergeben, mit deren Umsetzung wiederum die Erreichung der finanziellen Ziele begünstigt wird.“[53]

Das Management definiert Kunden- und Marktsegmente, in denen das Unternehmen konkurrieren bzw. konkurrenzfähig sein soll. Danach werden Kennzahlen zur Leistung der Geschäftseinheit in diesen Marktsegmenten definiert. Die allgemeinen Ergebnismessgrößen beinhalten Kundenzufriedenheit, Kundentreue, Kundenakquisition, Kun-

---

[51] Vgl. Kaplan/Norton, 19997, S. 46; siehe ebenso Friedag/Schmidt, 2002, S. 184.
[52] Kaplan/Norton, 19997, S. 46.
[53] Gerberich, 2006, S. 41.

denrentabilität sowie Gewinn- und Marktanteile in den Zielsegmenten. Diese Kundenperspektive trägt auch dem neuen Trend der Kunden- und Marktorientierung im Controlling Rechnung. Während das traditionelle operative Controlling den Fokus der Betrachtung auf den finanzwirtschaftlichen Bereich legt, versucht das strategische Controlling diesen Fokus wesentlich auszuweiten. Moderne Controllinginstrumente beschäftigen sich neben dem finanzwirtschaftlichen Bereich auch mit Kunden, internen Prozessen und Mitarbeitern. Mission und Strategie müssen auf der Kundenperspektive der BSC in spezifische markt- und kundenbezogene Ziele umgesetzt werden. Mit Hilfe einer gründlichen Marktforschung müssen die verschiedenen Markt- oder Kundensegmente und ihre Wünsche in Bezug auf Preis, Qualität, Funktionalität, Image, Ruf und Service herausgefunden werden (= Prozess der Strategieformulierung). Die BSC soll ein beschreibendes Mittel der Unternehmensstrategie sein, um die Kundenziele in jedem Zielsegment zu identifizieren.[54]

Im Rahmen der Kundenperspektive geht es um die Erfüllung der Kundenerwartungen und die damit verbundene Erreichung der finanziellen Ziele. Dabei wird von Kaplan und Norton Wert auf die Betrachtung jener Marktsegmente gelegt, in denen das Unternehmen konkurrenzfähig sein will. Das bedeutet, dass folgende Fragen zu klären sind:

- Wie wird das Unternehmen von den Kunden gesehen?
- Will man dieses Ansehen verändern?
- Welche Überlegungen und Maßnahmen sind für eine Veränderung notwendig?

Die Auseinandersetzung mit diesen Fragen hilft dem Management bei der Definition der Zielkundensegmente.

Kaplan und Norton verweisen aber noch auf ein zweites Bündel von Kennzahlen, die sog. Leistungstreiber der Kundenergebnisse. Leistungstreiber sind im Gegensatz zu reinen Ergebniskennzahlen sogenannte Frühindikatoren, die Anhaltspunkte für die künftige Unternehmensentwicklung liefern. Solche Leistungstreiber beantworten die Frage, was ein Unternehmen seinen Kunden bieten muss, um einen möglichst hohen Grad an Zufriedenheit, Treue, Akquisition und Marktanteil zu erreichen. Dieses Bündel an angebotenen Service- und Dienstleistungen wird von Kaplan und Norton als „Wertangebot" bezeichnet, welches Kunden vom Unternehmen übermittelt wird. Die Ausprägungsformen und Eigenschaften solcher Wertangebote variieren von Branche zu Branche. Trotzdem lassen sich drei gemeinsame Eigenschaften herausfiltern, die in vielen Wertangeboten vorkommen:

- Produkt-/Serviceeigenschaft
- Kundenbeziehungen
- Image und Reputation[55]

„Durch eine Auswahl von spezifischen Zielen und Kennzahlen aus diesen drei Eigenschaften ist es dem Management möglich, sich auf ein Leistungsangebot zu konzentrieren, das speziell auf die Zielsegmente des Unternehmens ausgerichtet ist. Somit wird der Erreichung der Ziele innerhalb der Kundenperspektive und in weiterer Folge jener der Finanzperspektive Rechnung getragen."[56]

[54] Vgl. Kaplan/Norton, 19997, S. 62 f.
[55] Vgl. Eschenbach/Haddad, 1999, S. 68.
[56] Ebenda S. 68.

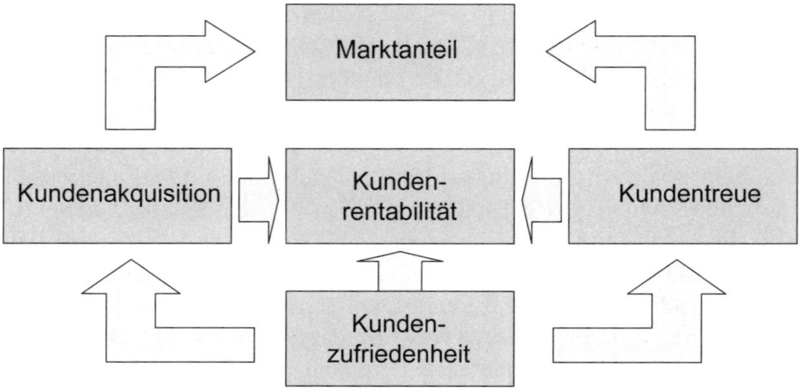

Marktanteil: Drückt den Umfang eines Geschäftes in einem bestimmten Markt aus.
Kundenakquisition: Misst das Ausmaß, zu dem eine Geschäftseinheit neue Kunden anlockt oder gewinnt.
Kundentreue: Misst das Ausmaß, zu dem eine Geschäftseinheit dauerhafte Beziehungen zu ihren Kunden erhält oder gewinnt.
Kundenzufriedenheit: Untersucht den Zufriedenheitsgrad seiner Kunden anhand spezifischer Leistungskriterien innerhalb der Wertvorgaben.
Kundenrentabilität: Misst den Nettogewinn eines Kunden oder eines Segments unter Berücksichtigung der für diesen Kunden entstandenen einmaligen Ausgaben.

Abbildung 4: Die Kernkennzahlen der Kundenperspektive[57]

Natürlich sind die Ziele und Kennzahlen zu hinterfragen, da in einem Unternehmen z.B. die Servicequalität derart wichtig sein kann, dass eine besondere Fokussierung notwendig wird. In einem anderen Unternehmen können die Schwerpunkte wiederum ganz anders gesetzt sein. Wie bereits angesprochen, stellt die BSC auch hier keine Schablone dar, sondern muss unternehmensbezogen individuell angepasst werden.

3.2.1.3 Interne Prozessperspektive

Nachdem Ziele und Kennzahlen für die finanzwirtschaftliche Perspektive und die Kundenperspektive definiert wurden, stehen nun die internen Prozesse im Fokus der Betrachtung. „Wie müssen die Prozesse des Unternehmens gestaltet sein, um die Markt- und Kundenziele und damit die finanziellen Ziele zu erreichen?“, ist die Leitfrage der Prozessperspektive.[58]

Die interne Prozessperspektive ist im Konzept von Kaplan und Norton direkt nach der Kundenperspektive als dritte klassische Ebene zu sehen. Sie ist zwischen den Kundenanforderungen und den benötigten Leistungstreibern einzuordnen. „In der Balanced Scorecard werden die Ziele und Kennzahlen für die interne Prozessperspektive von expliziten Strategien zur Befriedigung von Anteilseignern und Kundenerwartungen angeleitet. Dieser Top-down-Prozess kann völlig neue verbesserungsbedürftige Geschäftsprozesse offenlegen.“[59]

Gegenstand der Betrachtung müssen grundsätzlich alle betrieblichen Prozesse sein, wie Beschaffung, Produktion und Absatz. Ein Fokus sollte aber auch auf den Innovati-

[57] Kaplan/Norton, 1997, S. 66.
[58] Zitat Gerberich, 2006, S. 41.
[59] Zitat Kaplan/Norton, 1997, S. 90.

onsprozessen (F&E) und dem After-Sales-Bereich liegen. Insbesondere der Innovationsprozess muss in die interne Perspektive integriert werden, um völlig neue Produkte und Dienstleistungen zu schaffen, welche neue Wünsche gegenwärtiger und zukünftiger Kunden erfüllen können.

Kaplan und Norton schlagen dementsprechend vor, eine vollständige Wertschöpfungskette der internen Prozesse zu definieren:[60]

- Innovationsprozess
  Identifizierung von aktuellen und zukünftigen Kundenwünschen und Entwicklung neuer Lösungen für diese Wünsche. Dieser Innovationsprozess ist für Unternehmen mit langen Forschungs- und Entwicklungszyklen von besondere Bedeutung.
- Betriebsprozess
  Bereits vorhandenen Kunden werden Produkte und Dienstleistungen angeboten. Dieser Prozess beginnt mit der Bestellung und endet mit der Lieferung an den Kunden und erfreut sich traditionell der größten Aufmerksamkeit in den Performance-Measurement-Systemen von Unternehmen.
- Kundendienst
  Hier steht das Angebot von Dienstleistungen nach dem Produktkauf im Vordergrund. Dieser Prozess beinhaltet Garantie- und Wartungsarbeiten, die Bearbeitung von Fehlern und Reklamationen sowie die Bearbeitung von Zahlungen.

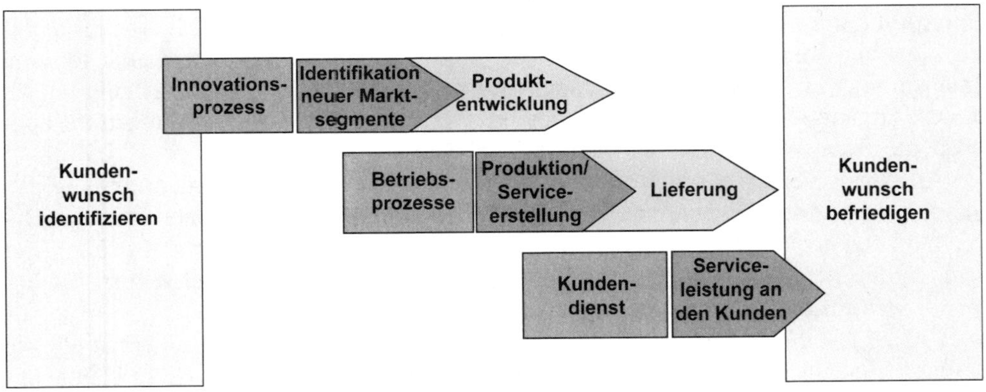

Abbildung 5: Prozess-Wertekette der internen Prozessperspektive[61]

Bei der Prozessperspektive zeigt sich besonders deutlich, welche Abhängigkeiten zwischen der Kundenperspektive und der Innovations- und Wissensperspektive bestehen. Bei ihren Studien und Projekten haben Kaplan und Norton festgestellt, dass Innovationen zu den kritischen internen Prozessen gehören. „Effektivität, Effizienz und Termintreue im Innovationsprozess ist vielen Unternehmen sogar noch wichtiger als herausragende Leistungen in den regulären Betriebsprozessen, die ja immer im Mittelpunkt der klassischen Literatur über interne Wertketten standen."[62]

[60] Ebenda S. 87–91.
[61] Kaplan/Norton, 1997, S. 93.
[62] Kaplan/Norton, 1997, S. 94.

Es sind heute viele Unternehmen zu finden, die ihre Wettbewerbsvorteile aus einem ständigen Vorantreiben innovativer Dienstleistungen und Produkte ziehen. Der Schlüssel für zukünftige Unternehmenserfolge heißt Wachstum durch Innovation. Dieses Ziel kann jedoch nur erreicht werden, wenn auf allen Ebenen konsequentes Innovationsmanagement betrieben wird.

3.2.1.4 Lern- und Entwicklungsperspektive

„In der vierten Perspektive müssen die Ziele hinsichtlich Mitarbeitern und Potenzialen aufgebrochen werden, um dadurch die Ziele der oberen Perspektiven verwirklichen zu können."[63]

In der Lern- und Entwicklungsperspektive sehen Kaplan und Norton die Fähigkeit eines Unternehmens, sich durch Lernen weiterzuentwickeln. In dieser Perspektive werden Ziele, Leistungstreiber und Kennzahlen definiert, die die Basis und die notwendige Infrastruktur schaffen, um die Ziele der anderen drei Perspektiven zu erreichen und um langfristiges Wachstum und Verbesserung zu sichern.

Eine zentrale Rolle in der Lern- und Entwicklungsperspektive kommt der Qualifikation und Motivation der Mitarbeiter zu. „Ideen zur Verbesserung von Prozessen und Leistungen für Kunden müssen von den Mitarbeitern an der Basis kommen, die viel direkter mit internen Prozessen und den Kunden zu tun haben."[64]

Der Schlüssel zum Erfolg eines jeden Unternehmens liegt in der Nutzung der Fähigkeiten und des Wissens der einzelnen Mitarbeiter. Die Lern- und Entwicklungsperspektive sorgt dafür, dass bezüglich des Wissens und der Fähigkeiten der Mitarbeiter explizit Ziele und Kennzahlen definiert werden, die die Potenziale der Mitarbeiter fördern. Investitionen in Personalweiterbildung, Informationstechnologie und -systeme und in andere Organisationsabläufe müssen getätigt werden, um die Voraussetzungen für konsequentes Lernen und Weiterentwicklung der Mitarbeiter zu schaffen.

Allerdings verbessern diese Investitionen das operative Ergebnis nicht unmittelbar, sondern nur indirekt und langfristig, was oft dazu führt, dass Investitionen in diesen Bereich oft zu kurz kommen, weil operative Finanzergebnisse im Vordergrund stehen. Hier kann mittels der BSC deutlich gemacht werden, wie wichtig gerade auch langfristige Investitionen für die Zukunft eines Unternehmens sind.[65]

Kaplan und Norton bieten bestimmte personalbezogene Kernkennzahlen an, die sie in ihren Untersuchungen als Kernkenngrößen herausgefunden haben. Diese Kernkennzahlen sollten um situationsbezogene Leistungstreiber ergänzt werden, wobei die Mitarbeiterzufriedenheit als der treibende Faktor für Personaltreue und Mitarbeiterproduktivität angesehen werden kann. Zufriedene Mitarbeiter sind die Voraussetzung für Produktivitätssteigerung, Qualität, Reaktionsfähigkeit eines Unternehmens und Kundenservice. Mitarbeiterzufriedenheit wird so zur Basis für Kundenzufriedenheit.[66]

Werden von einem Unternehmen anspruchsvolle Wachstumsziele angestrebt, so muss zusätzlich noch in Personal, Systeme und Prozesse investiert werden. Es gibt drei Kerngrößen und Befähiger für diese Perspektive, nämlich:[67]

---

63 Gerberich, 2006, S. 41.
64 Kaplan/Norton, 1997, S. 122.
65 Vgl. Eschenbach/Kunesch, 2003, S. 160.
66 Vgl. Kaplan/Norton, 1997, S. 124.
67 Ebenda S. 123 f.

- Mitarbeiterpotenziale:
  Die wichtigsten personalbezogenen Kennzahlen sind: Mitarbeiterzufriedenheit, Personaltreue und Mitarbeiterproduktivität, wobei die Mitarbeiterzufriedenheit als treibender Faktor der beiden anderen Kennzahlen gilt.
- Potenziale von Informationssystemen:
  Eine Kennzahl könnte sein: Informationsdeckungskennziffer (Verhältnis der erhältlichen Informationen in Bezug zum angenommenen Informationsbedarf).
- Motivation, Empowerment und Zielausrichtung:
  Hier steht das Unternehmensklima für Mitarbeitermotivation und -initiative im Vordergrund. In diesem Bereich können mehrere Kennzahlen unterschieden werden: Kennzahlen für vorgeschlagene und umgesetzte Verbesserungsideen, Verbesserungskennzahlen, Kennzahlen zur Teamleistung.

Die nachfolgende Abbildung stellt die Abhängigkeiten der Kerngrößen untereinander und innerhalb der Befähiger dar.

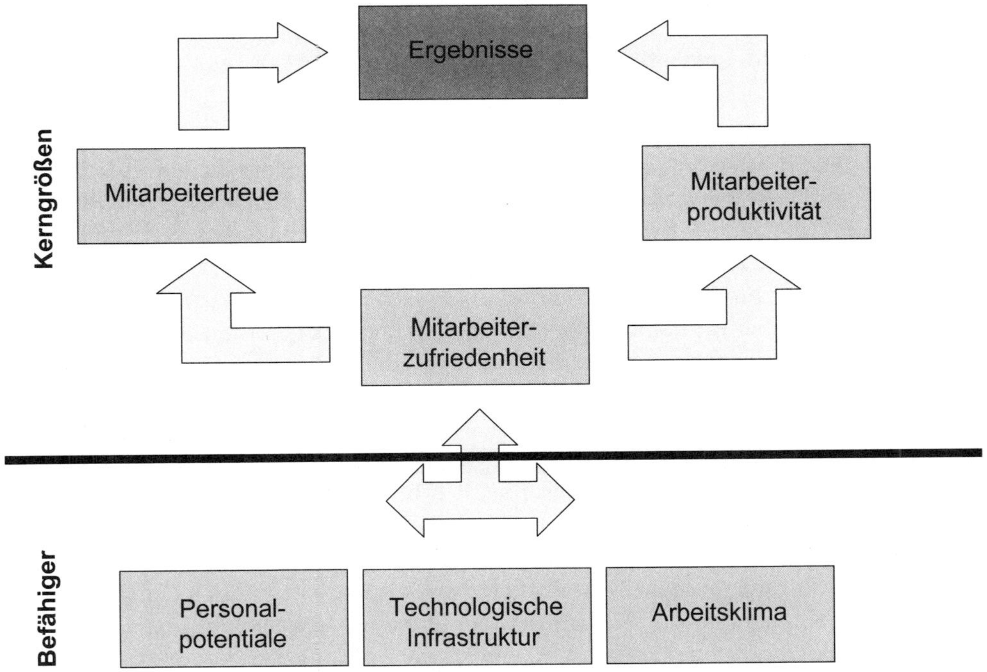

Abbildung 6: Kennzahlenrahmen der Mitarbeiterperspektive[68]

3.2.2 Die Verknüpfung der Balanced Scorecard mit der Unternehmensstrategie

Kaplan und Norton haben erkannt, dass viele Unternehmen zwar eine Strategie haben, es aber als großes Problem ansehen, diese Strategie im Unternehmen zum Leben zu erwecken. Mit anderen Worten, die Unternehmensstrategie kann nicht operationalisiert werden.

---

[68] Kaplan/Norton, 1997, S. 124.

Damit die BSC aber als Bindeglied dienen kann, muss die Unternehmensstrategie in der BSC zum Ausdruck kommen und verankert sein, da die BSC

- der gesamten Organisation die Vision des Unternehmens für ihre Zukunft vermittelt, was zu einem gemeinsamen Verständnis der Vision bei den Mitarbeitern führt;
- es den Mitarbeitern erlaubt, zu beobachten, wie sie zum Erfolg der Organisation beitragen.

Im Folgenden sollen die drei Grundprinzipien, mit deren Hilfe die BSC mit der Strategie verknüpft werden kann, betrachtet werden:

- Ursache-Wirkungsbeziehungen: eine BSC sollte die Strategie durch eine Kette von Ursache-Wirkungsbeziehungen ausdrücken.
- Leistungstreiber: eine BSC sollte aus einer guten Mischung von Früh- und Spätindikatoren bestehen.
- Verknüpfung mit den Finanzen: die BSC muss stets eine starke Betonung auf Ergebnisse, insbesondere auf Finanzergebnisse wie ROCE und EVA, legen.

3.2.2.1 Ursache-Wirkungsketten

Der besondere Vorteil der BSC ist, dass mit ihr die Zusammenhänge der unterschiedlichen Perspektiven durch Ursache-Wirkungsketten offengelegt werden. „Die Ursache-Wirkungsketten (UWK) zeigen die Zusammenhänge und Abhängigkeiten zwischen den strategischen Zielen und verdeutlichen die gegenseitigen Effekte bei der Zielerreichung. So wird beim Management ein Bewusstsein über die Bedeutung und Verknüpfung der einzelnen Ziele geschaffen sowie die Zusammenarbeit im Management und das gemeinsame Verständnis von der Strategie gefördert. Ursache-Wirkungsketten liefern folglich ein Erklärungsmodell für den strategischen Erfolg und machen die Logik der strategischen Ziele nachvollziehbar, transparent und kommunizierbar.“[69]

Kaplan und Norton weisen darauf hin, dass bei dem Entwurf einer BSC die Wechselwirkungen zu berücksichtigen sind. „Eine gut konzipierte Balanced Scorecard artikuliert die Grundannahmen des Geschäfts. Die Scorecard sollte auf einer Reihe von Beziehungen von Ursache und Wirkung einschließlich Informationen über die Reaktionszeiten und Beziehungen zwischen Scorecard-Kennzahlen basieren.“[70]

Ursache-Wirkungsketten werden in Form von Strategy Maps visualisiert. Strategy Maps zeigen die strategischen Zusammenhänge von sämtlichen Zielen der BSC in grafischer Form. Kaplan und Norton nennen diese Strategy Maps auch Bubble Charts. Ziel eines Ursache-Wirkungsdiagramms bzw. einer Strategy Map ist es, komplexe Beziehungen übersichtlich darzustellen, indem:[71]

- die Verknüpfungen zwischen strategischen Zielen, operativen Zielen und Messgrößen innerhalb jeder Perspektive hergestellt werden,
- Wirkungsbeziehungen zwischen den verschiedenen Perspektiven aufgezeigt werden sowie

---

[69] Gerberich, 2006, S. 43.
[70] Kaplan/Norton, 1997, S. 17.
[71] Vgl. Müller, 2005, S. 128.

- Verbindungen und Wechselwirkungen der einzelnen Perspektiven zu den finanzwirtschaftlichen Zielsetzungen.

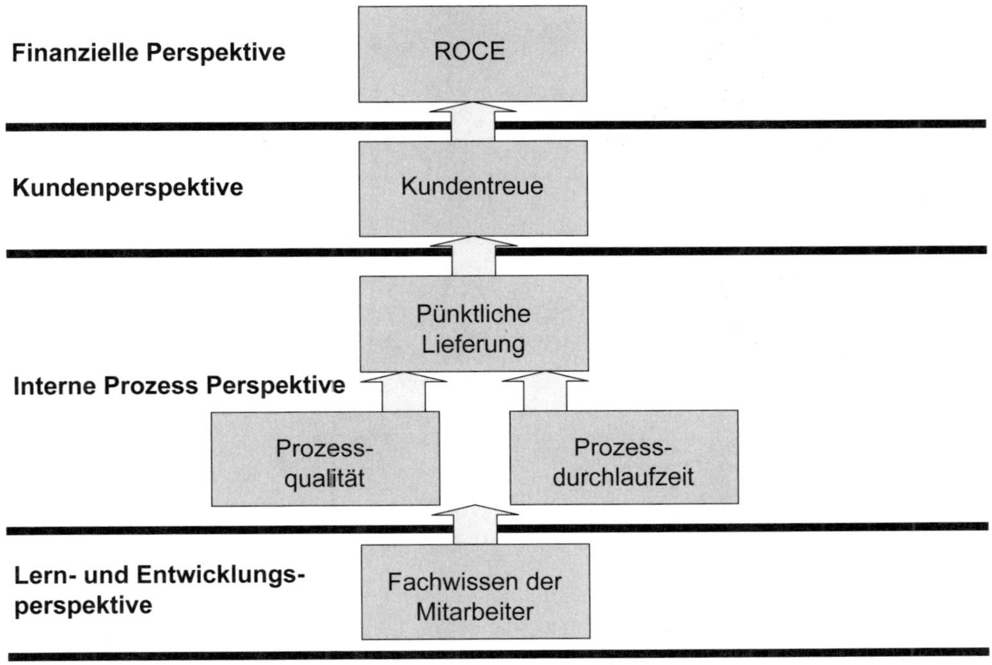

Abbildung 7: Ursache-Wirkungskette in der BSC[72]

Für den Erfolg oder Misserfolg einer BSC ist die Erstellung einer möglichst realitätsnahen Abbildung der verschiedenen Wechselwirkungen von Bedeutung. Um die komplexen zeitlichen Wirkungszusammenhänge der einzelnen Variablen übersichtlich darzustellen, müssen Methoden zur Komplexitätsreduktion angewendet werden, wobei nicht jede bekannte Methode (z.B. ROI-Baum, Regressionsanalyse) geeignet ist. In der Praxis hat sich die Anwendung der Netzwerktechnik oder der Bubble Charts als beste Methode durchgesetzt, mit der die Wirkungszusammenhänge transparent und übersichtlich dargestellt werden können.[73]

Durch die Ursache-Wirkungszusammenhänge soll nicht nur die Strategie umgesetzt werden, sondern auch die strategische Kontrolle ermöglicht werden, bzw. es müssen die Steuergrößen deutlich werden, mit denen das Finanzergebnis indirekt gesteuert werden kann. Kennzahlen, mit denen sich das Management am meisten beschäftigt, wie z.B. der ROI, ROCE, oder CF, sind am wenigsten direkt beeinflussbar. Durch die Ermittlung der strategischen Zielzusammenhänge mittels der Wirkungsketten entsteht die nötige Transparenz über die direkt beeinflussbaren Kenngrößen wie z.B. Durchlaufzeiten, Lagerbestände, Personalausbildung, Prozessbeherrschung.

---

72 Kaplan/Norton, 1997, S. 29

73 Ebenda S. 128 fff., siehe ebenso Kaplan/Norton, 1997, S. 246 f.

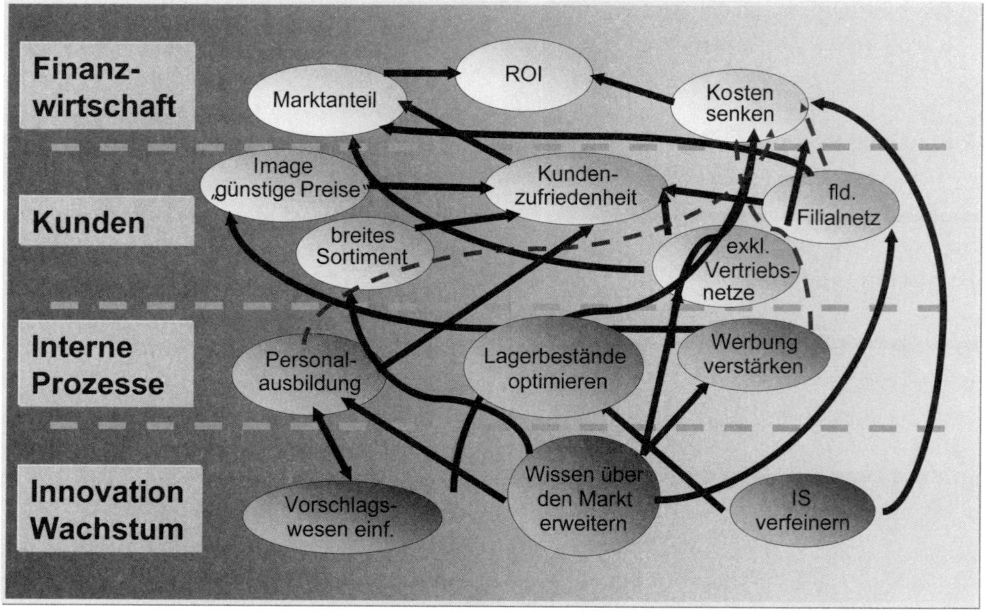

Abbildung 8: Bubble Chart Ursache-Wirkungsbeziehung[74]

Die Erstellung der Ursache-Wirkungszusammenhänge ist wohl die schwierigste Aufgabe im Implementierungsprozess einer BSC, aber auch die wohl wichtigste überhaupt, weil hier die Steuerstellen für die Strategieumsetzung und den Erfolg eines Unternehmens zu finden sind. Mit der Netzwerktechnik oder den Bubble Charts kann diese Aufgabe aber praktikabel gelöst werden und die Stärke der BSC, strategische und operative Ziele und Messgrößen miteinander zu verknüpfen, ausgespielt werden.[75]

3.2.2.2 Früh- und Spätindikatoren

Bei der Auswahl der Messgrößen ist zu berücksichtigen, dass die zu definierenden Kennzahlen das strategische Ziel klar beschreiben und dass die Entwicklung zur Zielerreichung verfolgt werden kann, sodass Führungskräfte gegebenenfalls steuernd eingreifen können. „Über das Messen von strategischen Zielen soll das Verhalten in eine gewünschte Richtung beeinflusst werden. Um die Eindeutigkeit bei der Beurteilung der Zielerreichung zu gewährleisten, sollte man nicht mehr als zwei, in seltenen Fällen drei Messgrößen für jedes strategische Ziel bestimmen."[76] Für eine BSC sollten maximal 20 Ziele ausgewählt werden, Kaplan und Norton empfehlen vier bis sieben Kennzahlen je Perspektive und für eine gesamte BSC 15 bis max. 25 Kennzahlen.[77]

---

74 Vgl. Eschenbach/Haddad, 1999, S. 101.
75 Ebenda S. 131.
76 Zitat Horváth & Partner, BSC umsetzen, S. 223.
77 Vgl. Kaufmann, 2004, S. 32 in Harvard Business, siehe auch Kaplan/Norton, 1997, S. 156.

Hieraus wird deutlich, dass den Messgrößen oder Kennzahlen eine große Bedeutung innerhalb der BSC zukommt – und somit auch dem Prozess der Kennzahlenauswahl. Insbesondere die Auswahl der Leistungstreiber oder auch Frühindikatoren ist eine grundlegende Aufgabe, da nicht nur der Erfolg der BSC, sondern auch der des Unternehmens davon abhängen kann. Zunehmend spielen weiche Faktoren bzw. Erfolgspotenziale wie „zum Beispiel Kundenbeziehungen, Mitarbeiterfertigkeiten und -kenntnisse, Informationstechniken sowie Unternehmenskultur, die Innovationen, Problemlösungen oder ganz einfach betriebliche Verbesserungen"[78] eine entscheidende Rolle. Deshalb sollten die 15 bis 25 Kennzahlen der BSC einen ausgewogenen Mix aus diagnostischen Indikatoren bzw. Spätindikatoren wie z.B. Rentabilität, Kundenloyalität, Marktanteil und strategischen Kennzahlen bzw. Frühindikatoren wie z.B. Fehlerquote und Taktzeit enthalten:

- Diagnostische Kennzahlen überwachen, ob das Unternehmen unter Kontrolle ist, und signalisieren das Eintreten ungewöhnlicher Ereignisse, die ein sofortiges Eingreifen erfordern.
- Strategische Kennzahlen definieren die Strategie, die auf exzellente Wettbewerbsfähigkeit abzielt.

Eine Mischung aus Früh- und Spätindikatoren ist deshalb notwendig und sinnvoll, weil Ergebniskennzahlen ohne Leistungstreiber nicht vermitteln können, wie die Ergebnisse erreicht werden sollen. Auch über eine erfolgreiche Umsetzung der gewählten Unternehmensstrategie geben Spätindikatoren keine frühzeitige Auskunft. Leistungstreiber wie Fehlerquoten, Mitarbeiterschulungen oder Taktzeiten geben zwar auch ohne Ergebniskennzahlen die kurzfristige operative Verbesserung wieder, es lässt sich aber daraus nicht direkt ableiten, ob diese Verbesserungen auch zu einem größeren Umsatz und zu einem besseren Finanzergebnis geführt haben. Erst die Kombination strategischer und diagnostischer Kennzahlen kann diese Aussagen frühzeitig liefern.[79]

Frühindikatoren	Spätindikatoren
Kundentreue	Marktanteil
Fehlerquoten	Kundenbestellungen
Mitarbeiterschulungen	Prozessdurchlaufzeiten
Kundenanfragen	Umsatz

Tabelle 3: Beispiele für Früh- und Spätindikatoren

Ein Beispiel für einen Frühindikator oder Leistungstreiber ist die Fehlerquote eines Unternehmens. Durch die Fehlerquote lassen sich zwar keine Firmenergebnisse erkennen, doch lässt sie einen Rückschluss auf die Qualitätsentwicklung eines Unternehmens zu. Wir der Leistungstreiber Qualität verändert, wird sich das auch mittelfristig auf die Ergebnissituation des Unternehmens auswirken. Wird die Qualität der produzierten Waren oder Dienstleistungen besser, werden die Kunden mehr bestellen und damit kann der Gewinn des Unternehmens gesteigert werden. Im umgekehrten Fall wird sich eine Qua-

[78] Kaplan/Norton, Wie Sie die Geschäftsstrategie den Mitarbeitern verständlich machen, S. 61.
[79] Vgl. Kaplan/Norton, 1997, S. 144f.

litätsverschlechterung negativ auf das Bestellverhalten der Kunden und somit auf den Unternehmensgewinn auswirken.

Ein klassisches Beispiel für einen Spätindikator ist der Umsatz, der im Nachhinein anzeigt, ob die Unternehmensziele erreicht worden sind.

Spätindikatoren sagen somit wenig darüber aus, wie sich ein Unternehmen in der Zukunft entwickeln wird, während sich Frühindikatoren zur Steuerung eignen, da sich durch deren Beeinflussung das zukünftige Unternehmensergebnis noch verbessern lässt.

3.2.2.3 Verknüpfung mit den Finanzen

Anhand der Ziele sollten also Kennzahlen ausgewählt werden, die möglichst repräsentative Indikatoren für die jeweilige Zielerreichung sind. Das Besondere an der BSC ist, dass sie sich nicht nur finanzieller, sondern auch nicht finanzieller Maßgrößen bedient, um den Unternehmenserfolg darzustellen. Darüber hinaus reduziert die BSC die betrachteten Ziele und Kennzahlen auf ein sinnvolles Maß: Es werden nur jene betrachtet, die mit dem Unternehmenserfolg in direktem Zusammenhang stehen.

Umstrukturierungsprogramme wie TQM, Durchlaufzeitenverkürzung und Reengineering müssen mit Ergebnissen verknüpft werden, die einen direkten Kundenbezug haben und die zukünftig zum Unternehmensergebnis beitragen. Die Kausalkette aller Kennzahlen der Scorecard sollte also mit finanziellen Zielen verknüpft sein.[80]

3.2.3 Funktionen der Balanced Scorecard

Zusammenfassend lassen sich folgende Funktionen der Balanced Scorecard identifizieren:[81]

- Verbindungsfunktion: Sie bietet die Möglichkeit, die in der Regel die langfristige Strategie des Unternehmens mit der kurzfristigen Operation zu verbinden.
- Fokusfunktion: Es wird die Aufmerksamkeit des Topmanagements auf vier wesentliche Perspektiven gelenkt, die den Zielfindungs- und -erreichungsprozess erheblich vereinfachen.
- Kommunikationsfunktion: Die BSC übersetzt, erklärt und kommuniziert die Vision und Strategie des Unternehmens.
- Integrationsfunktion: Die BSC betrachtet sowohl finanzielle als auch operative Leistungsdaten.
- Reduktionsfunktion: Mit Hilfe der BSC wird der Informationsüberfluss gefiltert und es wird möglich, sich auf strategierelevante Eckdaten zu konzentrieren.

3.3 Unternehmensweite Ausdehnung der Balanced Scorecard

3.3.1 Ausdehnungsrichtungen

Im Rahmen dieses Kapitels steht die Frage im Vordergrund: Wo wird im Rahmen einer Konzernstruktur mit der Implementierung der BSC begonnen und wie wird diese kon-

[80] Vgl. Kaplan/Norton, 1997, S. 145.
[81] Vgl. R. Eschenbach, 1998 S. 62.

zernweit ausgedehnt? Grundsätzlich können nachfolgende Ebenen einer Konzernstruktur unterschieden werden: 1.) Konzernspitze, 2.) Unternehmen, 3.) strategische Geschäftseinheiten, 4.) Abteilungen, 5.) Mitarbeiter. Die beschriebenen Grundlagen zur BSC wurden unter der Prämisse betrachtet, dass die BSC für eine strategische Geschäftseinheit (als geschlossene Einheit) erstellt wird. Unter dieser Grundannahme haben Kaplan und Norton die BSC entwickelt, sich aber sehr wohl auch mit einer Ausdehnung auf größere Einheiten von Unternehmensstrukturen auseinandergesetzt. Da gerade größere Unternehmen sehr unterschiedliche Strukturen haben, ist eine horizontale und vertikale Ausdehnung der BSC möglich. Diese Varianten sollen im Weiteren betrachtet werden.

3.3.1.1 Horizontale Ausdehnung der Balanced Scorecard

Bei der horizontalen Ausdehnung der BSC sind Unternehmensbereiche oder strategische Geschäftseinheiten (SGE bzw. SBU) betroffen, die auf gleicher Ebene agieren. Da SGEs eigenständig wie Unternehmen im Unternehmen Kunden und Produktsegmente bearbeiten, kann hier die BSC wie beschrieben als Bereichs-BSC umgesetzt werden.[82]

3.3.1.2 Vertikale Ausdehnung der Balanced Scorecard

Unter der vertikalen Ausdehnung einer BSC versteht man die Einbeziehung nachgelagerter Hierarchieebenen. Kaplan und Norton gingen bereits bei der Entwicklung der BSC davon aus, dass eine Bereichs-Scorecard im Sinne einer SGE zusätzlich für weitere Bereiche eines Konzerns entwickelt und dann heruntergebrochen bzw. ausgedehnt werden kann.

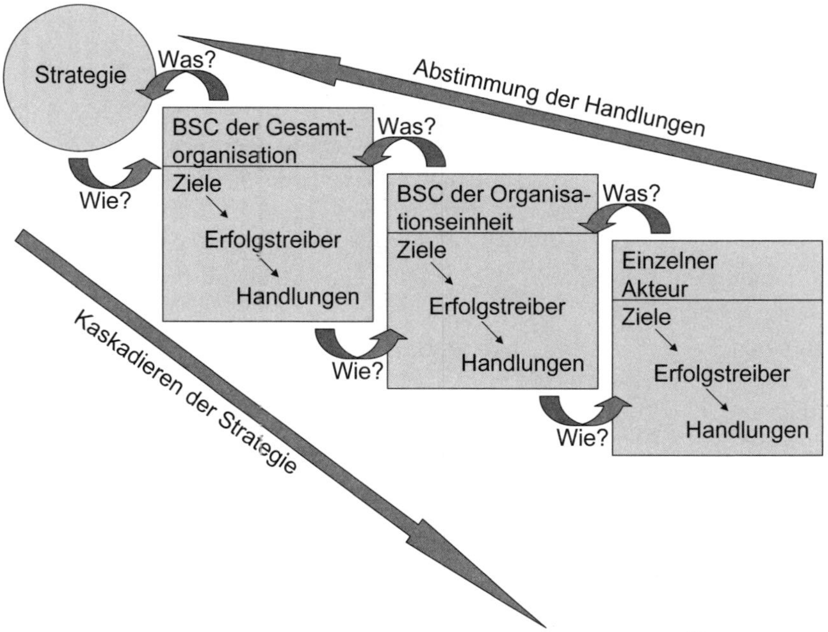

Abbildung 9: Kaskadierung einer BSC-Ausdehnung[83]

[82] Vgl. Kaplan/Norton, 1997, S. 35.
[83] http://www.4managers.de/fileadmin/4managers/folien/BalancedScorecard.pdf.

„Wenn eine Balanced Scorecard einmal für eine SGE entworfen wurde, wird sie zum Ausgangspunkt für die Balanced Scorecards für Abteilungen und Funktionseinheiten in der SGE. Missions- und Strategiestatements für Abteilungen uns Funktionseinheiten können im Rahmen der durch die Geschäftseinheit definierten Mission, Strategie und Scorecard definiert werden. Manager von Abteilungen und Funktionseinheiten können ihre eigenen Scorecards entwickeln, die mit Mission und Strategie der SGE im Einklang stehen und unterstützend wirken. Auf diese Weise führt die SGE-BSC stufenweise herab zu den einzelnen Verantwortungscentern in der SGE und erlaubt diesen, wiederum gemeinsam auf die SGE-Ziele hin zu arbeiten.“[84]

3.3.2 Planungsprozess[85]

Will man nun die BSC für einen Konzern oder ein Unternehmen einführen, so sollte man sich vorweg über die Art der Implementierung im Klaren sein. Für den Planungsprozess zur unternehmensweiten Ausdehnung der BSC sind grundsätzlich folgende drei Planungswege möglich:

- Top-down-Planung
  Dieser Planungsansatz nimmt den Planungsweg von oben nach unten, indem die oberste Führungsebene die Rahmenbedingungen und Zielvorstellungen definiert, die dann für die nachfolgenden Hierarchieebenen verbindlich sind. Als Vorteil dieser Vorgehensweise kann der geringere Zeitaufwand gesehen werden, da aufwendige Abstimmungsprozesse entfallen. Nachteilig ist, dass Erfahrungswissen der unteren Ebenen nicht berücksichtigt wird und bei dieser Vorgehensweise grundsätzlich mit Akzeptanzproblemen zu rechnen ist.
- Bottom-up-Planung
  Hier wird der gegenläufige Weg von unten nach oben gewählt, indem mit dem Planungsprozess auf einer unteren Hierarchieebene begonnen wird. Nach Kaplan und Norton sollte diese Hierarchiestufe eine SGE sein, die als Basis der Entwicklung dienen kann. Diese Vorgehensweise hat den Vorteil, dass durch die starke Einbindung der betroffenen Ebenen eine hohe Motivation erzeugt wird. Allerdings ist ein großer Abstimmungsaufwand durch ausgeprägte Eigeninteressen der einzelnen Ebenen in Kauf zu nehmen.
- Planung nach dem Gegenstromverfahren
  Mit diesem Planungsverfahren wird eine Kombination aus dem Top-down- und dem Bottom-up-Verfahren gewählt, mit dem die Nachteile der beiden Verfahren eliminiert werden sollen. Die Zielvorgabe wird von der oberen Führungsebene vorgegeben und stellt für die folgenden Ebenen den Planungsrahmen für die Konkretisierung dar. Die entstehenden Teilpläne werden dann im nächsten Schritt von unten nach oben verdichtet und auf jeder Stufe auf die gemeinsame Zielerreichung hin überprüft und korrigiert. Der Vorteil der konsistenten, durchgängigen Planung und der hohen Motivation wird mit hohem Zeitbedarf für permanente Rückkopplungen und Diskussionen erkauft, die als Nachteil dieses Verfahrens zu sehen sind.

---

[84] Kaplan/Norton, 1997, S. 34.
[85] Vgl. Ehrmann, 2000, S. 61 f.

3.3.3 Verknüpfung mit der Unternehmensstrategie

Manche Unternehmen müssten 5.000 oder mehr Mitarbeiter in den Abstimmungsprozess (Vermittlung der Strategie und ihre Verknüpfung mit den individuellen Zielvorgaben) mit einbeziehen. Daher gibt es drei unterschiedliche Methoden, um die Strategie und die BSC in lokale Zielsetzungen zu übertragen, die individuelle und Teamprioritäten beeinflussen: [86]

- Kommunikations- und Weiterbildungsprogramme:
  Mitarbeiter, Manager und Vorstand müssen das notwendige Verhalten zur Erreichung der Zielsetzung begreifen. Lösung: konsistentes und kontinuierliches Informationsprogramm über die Komponenten der Strategie.
- Zielbildungsprogramme:
  Einzelpersonen und Teams müssen im gesamten Unternehmen die übergeordnete strategische Zielsetzung für den Einzelnen und die Teams übertragen. Die MBO-Programme sollten mit den Zielvorgaben und den Kennzahlen der BSC verknüpft werden.
- Verknüpfung mit dem Anreizsystem:
  Anreiz- und Vergütungsprogramme sollten im letzten Schritt mit den MBO-Programmen verknüpft werden, um bei der Ausrichtung des Unternehmens zu motivieren.

3.3.3.1 Strategieausrichtung in der Unternehmensstruktur

Wie weit die BSC heruntergebrochen wird, hängt davon ab, ob die in Frage kommenden Bereiche eigene Strategien und interne Prozesse haben, die eine Umsetzung von Mission und Strategie überhaupt möglich machen. „Es muss jedoch festgestellt werden, dass eine vertikale Ausdehnung auf eine Vielzahl von hierarchischen Stufen einen hohen Zeit- und Arbeitsaufwand erfordert und Abstimmungsprobleme mit sich bringt.“[87]

Dieser Aufwand lässt sich aber nach Kaplan und Norton nicht umgehen, da die BSC die Struktur der Organisation, für die eine Strategie formuliert wurde, widerspiegeln soll.

Gerade die Struktur der Organisation und die Art der Unternehmung stehen einer einheitlichen Vorgehensweise bei der Strategieausrichtung in der jeweiligen Unternehmensstruktur entgegen. Je nach Art der Unternehmung werden unterschiedliche Entwicklungen der BSC vorgenommen:[88]

- Unternehmen, die aus einer Gruppe strategischer Geschäftseinheiten bestehen,
- Joint Ventures und strategische Allianzen,
- Zentralabteilungen von Unternehmensgruppen und Geschäftseinheiten,
- NPOs und staatliche Unternehmen.

Bei diesen Unternehmen und Organisationen muss grundsätzlich die Frage nach dem Verhältnis zwischen der BSC auf Unternehmensebene und den Scorecards der Sparten bzw. der SGE geklärt werden.

[86] Kaplan/Norton, 1997, S. 193.
[87] Ehrmann, 2000, S. 151.
[88] Vgl. Kaplan/Norton, 1997, S. 161 f.

Bisher wurde nur auf die BSC von SGEs eingegangen. Die Unternehmens-Scorecard kann zwei Elemente der Unternehmensstrategie verdeutlichen:

- Das Leitbild des Gesamtunternehmens: Werte, Überzeugungen und CI, die von allen SGE geteilt werden müssen.
- Die Rolle der Unternehmensleitung: Maßnahmen, die auf der übergeordneten Unternehmensebene angeregt werden, um Synergien zwischen den SGE zu schaffen (z.B.: gemeinsame Nutzung von Technologien, Zentralisierung gemeinsam genutzter Dienstleistungen).

3.3.3.2 Problemstellungen bei Strategieausrichtung

Die Diskrepanz zwischen der Formulierung einer Strategie und ihrer Umsetzung erklärt sich aus vier spezifischen Hindernissen:[89]

- Visionen und Strategien, die nicht umsetzbar sind: Visionen und Strategien werden nicht konkretisiert und sind dadurch nicht anwendbar.
- Keine Verknüpfung der Strategie mit den Zielvorgaben der Abteilung, der Teams und der einzelnen Mitarbeiter. Statt dessen wird die Leistung eines Bereichs weiter auf das Einhalten eines Budgets fixiert, das als Teil des traditionellen Steuerungsprozesses aufgestellt wurde. Lösung: Persönliches MBO und Prämien an die langfristigen Strategieziele und nicht an kurzfristige Finanzziele knüpfen; so kann das Interesse der Mitarbeiter an der Umsetzung von Strategien erreicht werden.
- Keine Verbindung zwischen der Strategie und der kurzfristigen und langfristigen Ressourcenallokation. In vielen Organisationen werden die langfristige strategische Planung und die kurzfristige jährliche Budgetierung in getrennten Prozessen vorgenommen. Die Folge daraus ist, dass die Allokation von Kapital und frei verfügbaren Mitteln häufig nicht mit den strategischen Prioritäten in Verbindung steht.
- Taktisches anstelle von strategischem Feedback. In vielen Organisationen gibt es einen Mangel an Feedback darüber, wie die Strategie umgesetzt wird und ob sie funktioniert.

Einen Lösungsansatz für das erfolgreiche Herunterbrechen der Strategie in einzelne Bereiche bis hinunter in die unterste Unternehmensebene sehen Kaplan und Norton in der Integration der BSC in ein neues strategisches Managementinstrument, durch das die Lücke zwischen Unternehmensstrategie und den operationalen Bereichen geschlossen werden soll. Im Einzelnen sind dies:

- Erstellung langfristiger, quantifizierbarer und anspruchsvoller Zielvorgaben für die Kennzahlen der BSC, die sowohl von Managern als auch von Mitarbeitern als erreichbar erachtet werden.
- Bestimmung der Initiativen (Investitionen und Aktionsprogramme) und der dafür benötigten Ressourcen, die zur Erreichung der langfristigen Ziele für die strategischen Kennzahlen der BSC notwendig sind.
- Koordinierung der Pläne und Initiativen zwischen zusammenhängenden Organisationseinheiten.

---

[89] Vgl. Kaplan/Norton 1997, S. 184 f.

- Festsetzung kurzfristiger Meilensteine als Zwischenziele, die die langfristigen Ziele der BSC mit den kurzfristigen budgetierten Kennzahlen verbinden.
- EIS-/MIS-Monatsbericht, der einen strategischen Feedback- und Lernprozess auf Basis der BSC sicherstellt. Ein solcher EIS-/MIS-Monatsbericht besteht aus drei Elementen:

Beschreibung unterschiedlicher Berichtselemente
Ein gemeinsamer strategischer Rahmen, der die Strategie weitervermittelt und es den Ausführenden ermöglicht, ihren eigenen Beitrag zur Erreichung der Gesamtstrategie zu beobachten
Ein Feedback-Prozess, der Erfolgsgrößen der Strategie sammelt und die Überprüfung von Hypothesen über die Wechselbeziehungen zwischen der strategischen Zielsetzung und einzelnen Initiativen ermöglicht.
Ein auf Teamarbeit basierender Problemlösungsansatz, der die Erfolgsgrößen analysiert und die Strategie aktuellen Entwicklungen und Problemen anpasst.

Tabelle 4: EIS-/MIS-Monatsberichtselemente

Bei der Integration der BSC in ein Managementsystem dient diese als Bindeglied zwischen der Unternehmensstrategie und der Umsetzung der Strategie in die operationalen Prozesse. Diese Fähigkeit macht die eigentliche Bedeutung der BSC als modernes Managementsystem aus und ist einer der Gründe für ihren Erfolg.

Um diese Funktion zu erfüllen, muss die BSC auf breiter Basis im Unternehmen verankert werden und müssen bestehende Systeme entsprechend eingebunden und angepasst werden. Ein wesentlicher Vorteil der BSC-Einführung ist, dass bestehende Managementansätze überdacht, messbar und somit umsetzbar gemacht werden und dass neue strategische Initiativen initiiert werden.[90]

Auch wenn die BSC die Unternehmensstrategie zum Leben erwecken kann, ist sie nicht geeignet, die Unternehmensstrategie zu erarbeiten, sondern, wie Gerberich herausstellt, das Vorhandensein einer Strategie bzw. die „deutliche Herausstellung der Strategie (ist) eine wesentliche Voraussetzung zur erfolgreichen Erarbeitung einer BSC. (...) Ein wichtiger Erfolgsfaktor ist das Bewusstsein, dass nicht die Technologie oder Software, sondern die Mitarbeiter der wesentliche Treiber für die erfolgreiche Umsetzung einer BSC im Unternehmen sind.“[91]

3.4 Reporting der Balanced-Scorecard-Ergebnisse

Da es immer wichtiger wird, Führungs- und Steuerungsinformationen möglichst verdichtet und zeitnah zur Verfügung zu stellen, entsteht eine weitere Integrationsebene, auf der die durch die BSC umgesetzten Maßnahmen überwacht werden können. Dies geschieht immer häufiger mit Management-Cockpits, in denen die Informationen mit den

[90] Vgl. Josse, 2005, S. 122.
[91] Zitat Gerberich, 2006, S. 45.

individuellen Anforderungen des Managements dargestellt werden und mittels Drill-Down-Funktionen die Kennzahlen in ihrer Entstehung näher untersucht werden können.[92]

Wie bereits weiter oben ausgeführt, sind Managementinformationssysteme heute im Sinne von OLAP-Konzepten zu verstehen, die Daten online so aufbereiten und miteinander verknüpfen können, dass aus ihnen neue Erkenntnisse abgeleitet und entsprechende Entscheidungen getroffen werden können.

Eine typische Fragestellung aus der Praxis soll diesen Nutzen verdeutlichen: „Verkaufen Vertreter, die großzügig kostenfreie Produktmuster an den Fachhandel verteilen, mehr von dem beworbenen Produkt als Handelsvertreter, die mit den Produktmustern eher zurückhaltend sind?“[93] In der Regel gelangt der Anwender innerhalb weniger Sekunden von den globalen Umsatzzahlen über Drill-down-Funktionen zu den Einzelkennzahlen, die Auskunft darüber geben, für welchen Wert die Vertreter je Verkaufsgebiet, Kundengruppe und Jahr Muster abgegeben haben und wie groß der jeweilige Umsatz war. Durch weitere Abfrageänderungen können so Zusammenhänge zwischen Vertreter, Produktmusterabgabe und Umsatz hergestellt werden. Aus diesen kausalen Zusammenhängen ließe sich dann z.B. die Frage klären, ob die Aushändigung von Produktmustern bei der einen Kundengruppe größere Wirkung erzielt als bei einer anderen. Aus der gewonnenen Information lässt sich dann wiederum ein strategisches Ziel ableiten, das mit der Aktion unterlegt wird, diese Kundengruppe gezielt mit Produktmustern zu versorgen um den Umsatz zu steigern.[94]

Dieses kurze Praxisbeispiel verdeutlicht, wie wertvoll zum einen die sachlogische Verknüpfung einzelner Kennzahlen aus der BSC ist, zum anderen aber auch, dass die Durchführung von Online-Analysen ganz neue Möglichkeiten bietet, kausale Zusammenhänge, die in der Strategy Map verborgen sind, schnell zu erkennen und daraus Wettbewerbsvorteile durch strategische Entscheidungen zu generieren.

3.4.1 Voraussetzungen für den Aufbau von MIS

Um die benötigten Informationen bereitstellen zu können, sind die folgenden vier Voraussetzungen für ein MIS zu schaffen:[95]

Voraussetzung	Aufgabe
Data Warehouse	Transformation und Verwaltung der für das MIS benötigten Daten und abrufbaren Unternehmensinformationen
Data Mining	Komponenten, die zur inhaltlichen Aufbereitung der Daten dienen, wie z.B. Datenanalyseverfahren, statistische Methoden

92 Vgl. o. V., 2006, S. 12, in MQ Business Exellence, Management und Qualität. 03/2006 Business Exellence.

93 Küsel, 2006, S. 54, in IT&Investition, April 2006, Mit Bohren, Schlitzen und Würfeln zu korrekten Zahlen.

94 Ebenda S. 54.

95 Vgl. Rödler et al., 2003, S. 20.

BSC	Informationsgewinnung durch die ausgewogenen Perspektiven der BSC, in der diagnostische und strategische Kennzahlen generiert werden
Front-End-Systeme	Visualisierung und Darstellung der aufbereiteten relevanten Daten zur Analyse und Entscheidungsfindung

Tabelle 5: Voraussetzungen für ein MIS

Unter Berücksichtigung, dass der Ausgangspunkt eines jeden MIS die relevanten Strategien und Ziele eines Unternehmens sind, wird deutlich, dass die BSC das Bindeglied zwischen Strategieentwicklung und deren Umsetzung ist. MIS-Systeme unterstützen hier durch die Datenverdichtung und Aufbereitung den Strategieumsetzungsprozess, indem sie die für die Steuerung notwendigen Informationen in geeigneter Form darstellen.

3.4.2 Kennzahlentopologie der Managementinformationssysteme

In einem Kennzahlencockpit sollen alle wesentlichen Informationen enthalten sein, die zur Steuerung des Unternehmens bzw. der SGE notwendig sind; sie werden aus den vier Zielebenen Finanzen, Kunden, interne Prozesse und Mitarbeiter gewonnen.[96] Somit kommt in einem MIS der erstellten Kennzahlentopologie eine bedeutende Rolle zu, denn:

- „Die in der Kennzahlen-Topologie (Kennzahlenpyramide) vorkommenden Kennzahlen definieren in ihrer Zusammensetzung und ihren Zusammenhängen die zum Aufbau des MIS notwendigen Informationen, die im Data Warehouse zu halten und ständig zu aktualisieren sind.
- Die Kausalzusammenhänge der einzelnen Kennzahlen definieren die Grenzen des realisierten Abfragegenerators, denn die Erstellung von widersprüchlichen und unvernünftigen Abfragen sollten für den Benutzer unmöglich sein.
- Die definierten Spitzenkennzahlen bestimmen die Zielgrößen des MIS. Sie sind aus Managementsicht die wesentlichen Fakten des MIS, deren Dimensionen durch den Benutzer frei konfigurierbar sein müssen.

Insbesondere sollte für die Spitzenkennzahlen im MIS eine Ampeldarstellung realisiert sein, die dem Benutzer neben dem aktuellen Wert der Kennzahl auch eine Wertung ihres Wertes mit anzeigt (...).“[97]

Als gedankliche Grundlage zur Entwicklung eines solchen Kennzahlensystems können z.B. bekannte Kennzahlenpyramiden wie das Du-Pont-System dienen. Dabei sollte die Kennzahlenpyramide so aufgebaut sein, dass die Perspektiven der BSC sowie die heruntergebrochenen Kennzahlen integriert werden. In der angewandten BSC von Schermann ist ein solcher Ansatz umgesetzt.[98]

---

96 Vgl. Greischel, 2003, S. 59.
97 Rödler et al., 2003, S. 64.
98 Vgl. Rödler et al., 2003, S. 66.

3.4.3 Front-End-Systeme zur Visualisierung der MIS

Grundsätzlich kann die Visualisierung der BSC mit üblichen Tabellenprogrammen erfolgen, was in der Praxis auch die am häufigsten anzutreffende Vorgehensweise ist. In der Regel werden Excel-Anwendungen eingesetzt, die aber in Bezug auf die Visualisierungsmöglichkeiten bestimmte Anforderungen an die Nutzer stellen. Darüber hinaus werden heute unterschiedlichste Tools mit sehr anpassungsfähigen und flexiblen Ausgestaltungsmöglichkeiten angeboten.

Um das Potenzial und den Anwendungsnutzen der erhältlichen Front-End-Systeme zu beurteilen, sollten die in Frage kommenden Systeme anhand verschiedener Kriterien, wie Handling oder Auswertungspotenzial, beurteilt werden.

Kriterien	Zu beurteilende Aspekte
Benutzerfreundlichkeit	Intuitive und benutzerfreundliche Berichterstellung und Analyse
Analysemöglichkeiten	Welche Auswertungsmöglichkeiten und -methoden werden unterstützt? Je komplexer die Analysemöglichkeiten sind, desto qualifizierter sind die Auswertungen.
Grad der Exploration	Wie hoch ist der Detaillierungsgrad (Drill-down-Auflösungen)? Welche Verdichtungsstufen und Blickwinkel können gewählt werden?
Grafische Darstellung und Analyse	Welche Diagrammarten werden angeboten? Sind Filterfunktionen, Ampel- und Wertdiagramme und mehrdimensionale Darstellungen möglich? Können benutzerdefinierte Auswerte- und Darstellungscockpits erstellt werden?
Spektrum der Szenarien	Liefert das System eine Szenariotopologie im Sinne einer „What-if"-Auswertungsmöglichkeit?

Tabelle 6: Auswahlkriterien für ein MIS-Front-End

Die folgende Abbildung zeigt am Beispiel einer Excel-Anwendung, wie ein solches Front-End-System gestaltet sein kann.

Derzeit gibt es am Markt mehrere Anbieter von MIS-Lösungen. Sie unterscheiden sich unter anderem darin, dass sie entweder Systemanbieter sind, die auch BSC-Know-how mitbringen (wie z.B. MIS AG, die eine enge Partnerschaft mit der Unternehmensberatung Horváth & Partner bildet), oder Software-Anbieter, die sich schwerpunktmäßig auf die Erstellung der Front-Ends konzentrieren (wie beispielsweise CP Corporate Planning). Tabelle 7 gibt einen Überblick über die am Markt erhältlichen Front-End-Systeme, die als Management-Cockpits eingesetzt werden können.

Hersteller	Produkt
Arcplan Information Services GmbH	Dynasight
Business Objects	Dashboard Manager
Cognos GmbH	Metrics Manager
CorVu	CorStrategy/CorBusiness
CP CORPORATE PLANNING AG	CP MIS/BSC
Geac (inzwischen Infor Global Solutions)	Strategy Management
Hyperion Solutions Deutschland GmbH	Hyperion Performance Scorecard
Hyperspace GmbH	HyScore BSC
IDS Scheer AG	ARIS BSC
Kef Software AG	BSC+
MIS AG (inzwischen Infor Global Solutions)	Balanced Scorecard
Oracle	Oracle Balanced Scorecard
Peoplesoft	Balanced Scorecard
Performance Soft	pbviews
Pilot Software	Pilot Balanced Scorecard
PROCOS (Deutschland) GmbH	STRAT&GO
ProDacapo	Balanced Scorecard Manager
QPR Software	QPR ScoreCard
SAP	SEM Balanced Scorecard
SAS Institute GmbH	Strategic Performance Management

Tabelle 7: Am Markt befindliche BSC-Front-End-Systeme

3.5 Würdigung der Balanced Scorecard in der Praxis

Seit ihrer Entwicklung durch Kaplan und Norton kann die BSC auf eine 15-jährige Erfolgsgeschichte zurückblicken, in der sie sich weltweit verbreitet hat und in vielen Unternehmen eingesetzt wird. Der gewünschte Erfolg hat sich nicht in jedem Fall eingestellt, was verschiedene Studien belegen. So haben Kipker, Siekmann und Wildhagen festgestellt, dass 40% der befragten Unternehmen mit der Reportingverbesserung, die sie sich versprochen hatten, nicht zufrieden waren. Besonders die Anbindung an Steuerungs- und Berichtssysteme stellte sich als nicht befriedigend heraus.[99] Diese Erfahrungen decken sich mit Ergebnissen der Studie von Horváth & Partner, die seit 2000 bereits dreimal durchgeführt wurde.

[99] Vgl. Kipker et al., 2003, S. 57.

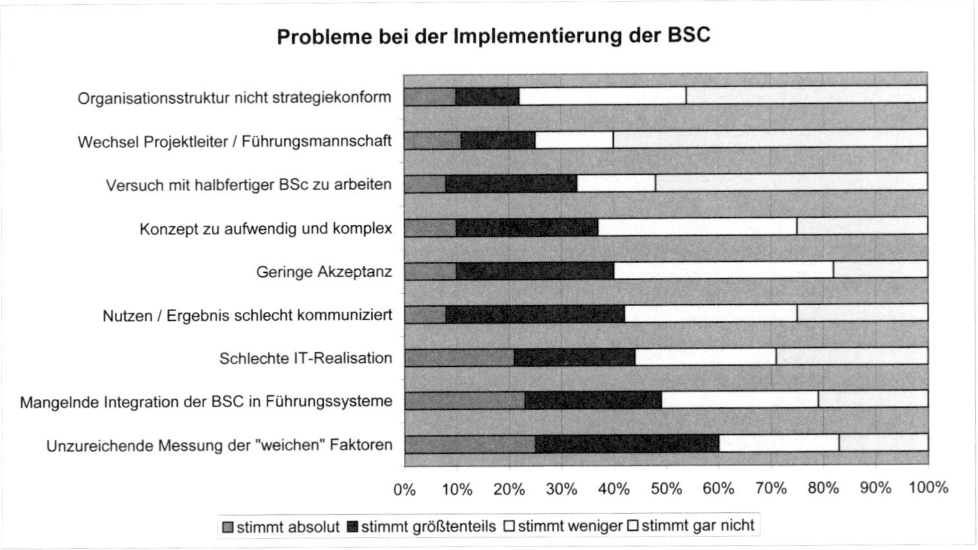

Abbildung 10: Mangelnde Integration der BSC[100]

Obige Abbildung zeigt die Anwendungsprobleme mit der BSC auf. Die Resultate der Befragung lassen folgende Schlüsse zu:[101]

- Der erfolgreichen Anwendung des Balanced-Scorecard-Konzeptes stehen eine Reihe von Anwendungsschwierigkeiten gegenüber. Insbesondere die Messung weicher Faktoren und die Integration der Balanced Scorecard in die bestehenden Führungssysteme bereiten vielen Unternehmen teilweise größere Schwierigkeiten.
- Deutlich wird das Problem der Integration der Balanced Scorecard in die bestehenden Führungssysteme am Beispiel der Budgetierung. Nur 39% der BSC-Anwender gelang eine solche Verbindung. Insofern erstaunt es nicht, dass trotz der Anwendung des Konzeptes, welches eine ausgewogene, nicht nur monetäre Steuerung bezweckt, weiterhin über 70% der Unternehmen eingestehen, dass die Leistungsbeurteilung bei ihnen „überwiegend" auf der Basis von Budgets stattfindet.

Auch die Frage nach der vertikalen Ausdehnung der BSC ergab, dass nur 30% der befragten Unternehmen die BSC über alle Organisationseinheiten hinweg eingeführt haben (flächendeckend und GU).

Betrachtet man, wie weit die BSC in den befragten Unternehmen heruntergebrochen wird, ist festzustellen, dass 95% der befragten Unternehmen die BSC nicht bis auf die Mitarbeiterebene herabbrechen. Vor dem Hintergrund dieses Ergebnisses ist die Empfehlung von Kaplan und Norton, die BSC bis auf Mitarbeiterebene herunterzubrechen, ein eher akademischer Ansatz, der sich in der Praxis aufgrund des hohen Aufwands und des geringen Nutzens nicht etabliert.

---

[100] Horváth & Partner 2003, S. 77, Highlights der Studie „100 x BSC".
[101] Ebenda.

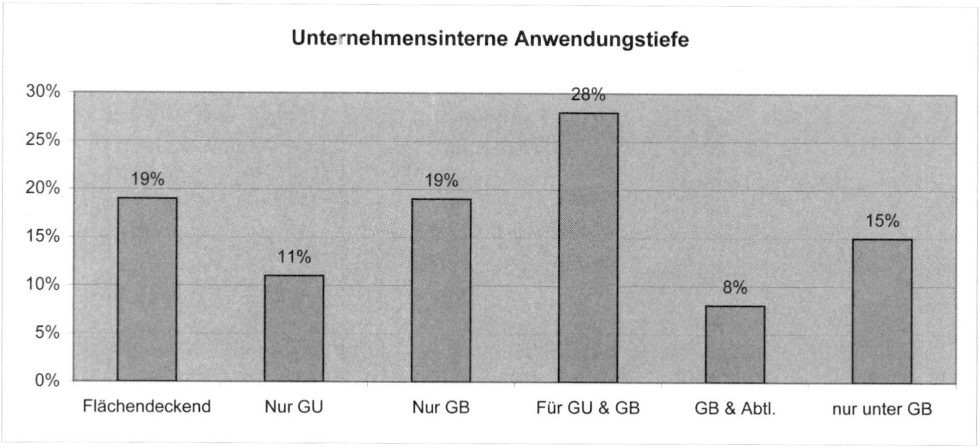

GU Gesamtunternehmen GB Geschäftsbereich Abtl. Abteilung

Abbildung 11: Unternehmensinterne Anwendungstiefe[102]

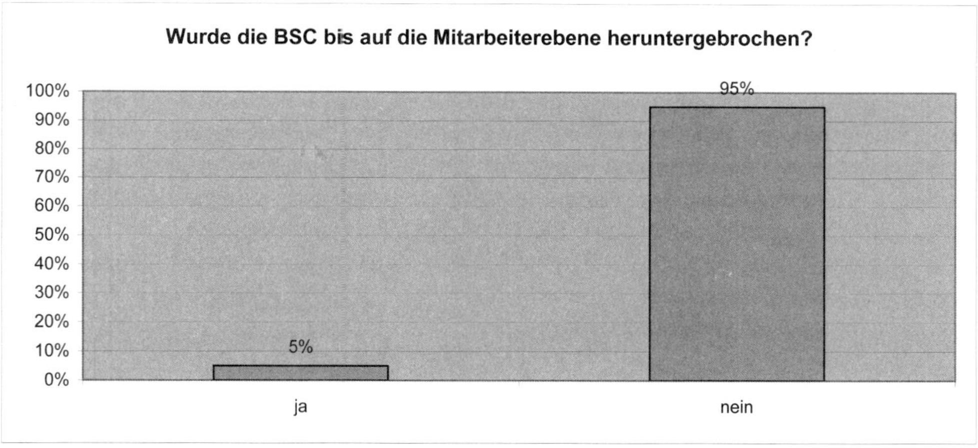

Abbildung 12: Ebenen der BSC[103]

Zusammenfassend kommt die Studie zu folgendem Resümee:

- „Die Balanced Scorecard ist für viele Unternehmen zu einem wichtigen Instrument der strategieorientierten Steuerung geworden. Eine Reihe von positiven Effekten konnten in diesem Zusammenhang empirisch belegt werden. Das hohe Investment, das mit dem Aufbau des Konzeptes verbunden ist, scheint sich ganz offensichtlich zu lohnen.
- In der praktischen Anwendung zeigen sich bei einigen Unternehmen aber noch deutliche Schwierigkeiten, u.a. die Auswahl der richtigen (nicht-monetären) Kennzahlen, der flächendeckenden Anwendung oder der Integration in bestehende Führungssys-

[102] Horváth & Partner 2003, S. 77, Highlights der Studie „100 x BSC".
[103] Horváth & Partner 2003, S. 77, Highlights der Studie „100 x BSC".

teme. Diese Probleme können ein Grund dafür sein, weshalb nachhaltige Wirkungen auf die verschiedenen Parameter einer erfolgreichen Balanced-Scorecard-Anwendung nur teilweise nachgewiesen werden konnten.“[104]

- Hinsichtlich der Faktoren Strategierealisierung und Intensität der Anwendung sind die Ergebnisse gemischt. An die 40% der befragten Unternehmen weisen bezüglich dieser Faktoren schwache Werte auf, was die Wirksamkeit der Balanced Scorecard für diese Erfolgsparameter relativiert. Allerdings darf diese Feststellung nicht darüber hinwegtäuschen, dass über die Hälfte der Anwender hinsichtlich Strategierealisierung und Intensität der Anwendung gute Werte vorweist. Offensichtlich geht es nicht nur darum, ob, sondern wie die Balanced Scorecard eingesetzt wird.
- Einen Automatismus bietet der Ansatz allerdings auch nicht. Nur jedes zweites Unternehmen bestätigt einen „deutlich positiven Einfluss“ auf die Rendite.[105]

Die BSC hat ihren Platz in den Unternehmen als Managementsystem gefunden und ist aus der Unternehmenswelt nicht mehr wegzudenken. Trotz dieses Erfolgs zeigt die Studie aber auch, dass etwa jedes zweite Unternehmen nicht die gewünschten Ergebnisse erzielen konnte. In der Studie wurde deutlich, dass sie in folgenden Bereichen im praktischen Einsatz nicht die erwarteten Verbesserungen mit sich brachte:

Schwäche	Auswirkung
Mangelnde Integration in Führungssystem	• führt häufig dazu, dass BSC zwar eingeführt wird, aber nicht zur Entscheidungsunterstützung herangezogen werden kann, da durch mangelnde IV-Infrastruktur bzw. Informationssysteme die Kennzahlen nicht zeitnah zur Verfügung stehen • fehlende Aufbereitung der Daten und Kennzahlen in Management-Cockpits erschwert schnelle Entscheidungsprozesse
Konzept zu aufwendig und zu komplexe Stufen	• Grundansatz von Kaplan und Norton führt zu komplexen Strukturen, da BSC über alle Hierarchieebenen eingeführt werden sollen, wodurch der Aufbau und die Pflege der BSC sehr aufwendig werden • Strategieänderungen oder -anpassungen werden, wenn die BSC auf allen Hierarchie- und Unternehmensebenen bereits implementiert wurde, aufgrund der Komplexität nur sehr langsam durchzuführen sein • Mitarbeiter können nicht immer die Strategie nachvollziehen, brauchen beeinflussbare KPIs
Reportingsysteme	• In der Praxis werden überwiegend aufwendige MIS-Systeme angeboten, die die BSC sehr kostenintensiv machen • Steuerung wird damit oftmals verhindert, da nur noch die Probleme im Nachhinein festgestellt werden

Tabelle 8: Probleme der klassischen BSC

[104] Ebenda, S. 82, Highlights der Studie „100 x BSC“.
[105] Ebenda, S. 44.

3.6 Projektvorgehensweise

Kaplan und Norton haben zehn Schritte erarbeitet, um die BSC erfolgreich in Unternehmen und Organisationen einzuführen.

1. Schritt: Auswahl der passenden Organisationseinheit

Grundsätzlich wird im Zuge des Implementierungsprozesses der BSC ein „Architekt" bestimmt, der als Projektleiter und Berater bei der Einführung und Umsetzung der BSC fungiert. Der „Architekt" muss in Zusammenarbeit mit dem Topmanagement eine Geschäftseinheit definieren, für die eine übergeordnete BSC angemessen ist. Der erste Scorecard-Prozess gelingt am besten in einer SGE, idealerweise in einer, deren Aktivität sich über eine vollständige Wertkette (von der Innovation über Produktion, Marketing, Vertrieb bis zum Service) erstreckt. Außerdem sollte es leicht möglich sein, charakteristische finanzielle Leistungskennzahlen für diese SGE zu bilden. Wenn jede einzelne Geschäftseinheit sehr unterschiedliche operative Prozesse aufweist, kann es sinnvoller sein, getrennte Scorecards für die Einheiten als eine Unternehmens-Scorecard zu erstellen.

2. Schritt: Die Identifizierung von Verknüpfungen zwischen SGE bzw. zwischen Geschäftseinheiten und Zentralabteilungen

Sobald die SGE definiert und ausgewählt wurden, sollte der Architekt etwas über die Beziehungen zwischen der SGE und den anderen Einheiten sowie der Bereichs- und Unternehmensorganisation in Erfahrung bringen. Der Architekt führt Interviews mit Leitern der Einheiten und der Unternehmensleitung, um über nachfolgende Punkte unterrichtet zu werden:

- die finanziellen Ziele der SGE (Wachstum, Rentabilität, CF, Ertrag),
- übergeordnete Unternehmensziele (Umwelt, Sicherheit, Personalpolitik, Standortpolitik, Qualität, Preiswettbewerbsfähigkeit, Innovationen),
- Verbindung mit anderen SGE (gemeinsame Kunden, Kernkompetenzen, Möglichkeiten für integrierte Ansätze bei Kunden und interne Anbieter/Kundenbeziehungen),
- Schaffung von Konsens über strategische Zielsetzungen.

3. Schritt: Durchführung der ersten Interviewrunde

Der Architekt bereitet Hintergrundmaterial über die BSC sowie interne Dokumente über die Vision, Mission und Strategie des Unternehmens bzw. der SGE vor. Dieses Material wird allen Mitgliedern des Topmanagements unterbreitet (sechs bis zwölf Führungskräften). Der Architekt sollte außerdem bereitstellen: Informationen über die Branche und das Wettbewerbsumfeld der SGE, wichtige Trends bei der Marktgröße und beim Marktwachstum, Informationen über Konkurrenten und Konkurrenzangebote, Kundenvorlieben und technologische Entwicklungen. Nachdem dem Topmanagement die Möglichkeit gegeben wurde, das Material durchzuarbeiten, führt der Architekt Interviews (ca. 90 Minuten) mit jeder einzelnen Führungskraft durch. In diesen Interviews holt der Architekt die Ansichten der Führungskräfte über die strategischen Zielsetzungen des Unternehmens und vorläufige Vorschläge für die BSC-Kennzahlen in den vier Perspektiven ein. Die Interviews können unstrukturiert sein, doch die Auswertung wird erleichtert, wenn ein gleichbleibender Fragenkatalog verwendet und eine Auswahl potenzieller

Antworten angeboten wird. Der primäre Zweck dieser Interviews ist es, das Konzept der BSC dem obersten Führungsgremium vorzustellen, seine Fragen zu beantworten und von Anfang an seinen Beitrag einzufordern. Gleichzeitig soll das Management im Interview anregen, die Strategie und die Zielsetzungen in greifbare operative Kennzahlen umzusetzen. Im Rahmen der ersten Interviewrunde geht es unter anderem auch darum, unterschiedliche Ansichten über die vorhandene Strategie auszuloten. Besonders Führungskräfte aus unterschiedlichen Funktionsbereichen haben oft eine differenzierte Auffassung von der gegenständlichen Strategie.

4. Schritt: Synthesesitzung

Nachdem alle Interviews durchgeführt wurden, treffen sich der Architekt und sein Team, um eine vorläufige Liste der Ziele und Kennzahlen aufzustellen. Das Ergebnis dieser Sitzung sollte eine Auflistung und Rangfolge der Zielsetzungen für die vier Perspektiven sein. Das Team sollte versuchen festzustellen, ob die vorläufige Liste Ausdruck der Unternehmensstrategie ist und ob die Ziele für die vier Perspektiven in Ursache-Wirkungsbeziehungen verknüpft sind.

5. Schritt: Managementworkshop: Erste Runde

Der Architekt setzt ein Treffen mit dem Topmanagement an und leitet dieses. Er versucht auf Grundlage der Liste, die in der Synthesesitzung erarbeitet wurde, einen Konsens der Unternehmensleitung über Missions- und Strategieaussagen zu erzielen. Danach muss sich das Führungsgremium die Frage stellen: „Wenn meine Vision und Strategie Erfolg hat, wie wird dann meine Leistung für Aktionäre, Kunden, interne Prozessperspektive und für die Lern- und Entwicklungsprozesse aussehen?“ Die Perspektiven sollten der Reihe nach untersucht werden. Wenn nun alle vorgeschlagenen Ziele für eine Perspektive vorgestellt und diskutiert worden sind, muss die Unternehmensleitung über die wichtigsten drei oder vier Vorschläge abstimmen. Dann sollte das Managementteam in vier Untergruppen aufgeteilt werden, die jeweils für eine Perspektive verantwortlich sind. Nun sollten auch die nächsttiefere Managementebene und die wichtigsten funktionalen Abteilungsleiter eingeladen werden (Untergruppe: vier bis sechs Personen). Am Ende des Workshops sollte das Team drei bis vier strategische Ziele für jede Perspektive sowie eine detaillierte Beschreibung und eine Liste potentieller Kennzahlen für jede Zielsetzung festgelegt haben. Diese Inhalte werden vom Architekten zusammengefasst.

6. Schritt: Treffen der Untergruppen

Der Architekt arbeitet mit den einzelnen Untergruppen bei mehreren Treffen, in denen sie vier Ziele zu erreichen versuchen, zusammen:

- Präzisierung des Wortlautes der strategischen Zielsetzung in Übereinstimmung mit den Absichten, die im ersten Managementworkshop ausgedrückt wurden.
- Identifizierung der Kennzahl oder Kennzahlen für jede Zielsetzung, die die Absicht der Zielsetzung am besten zum Ausdruck bringen und vermitteln.
- Identifizierung der Quellen notwendiger Informationen für jede Kennzahl und der Maßnahmen, die notwendig werden können, um diese Information verfügbar zu machen.

- Identifizierung der Hauptverbindungen zwischen den Kennzahlen innerhalb einer Perspektive sowie der einzelnen Perspektiven. Versuch, herauszufinden, wie die Kennzahlen einander beeinflussen.

Für jede Perspektive sollte die Untergruppe am Ende folgende Ergebnisse erarbeitet haben:

- eine Liste der Zielsetzungen für die Perspektive, mit einer detaillierten Beschreibung jeder Zielsetzung;
- eine Beschreibung der Kennzahl für jede Zielsetzung;
- eine Darstellung, wie die Kennzahl quantifiziert und dargestellt werden kann;
- ein grafisches Modell der Verbindung der Kennzahlen innerhalb der Perspektiven und der Verbindungen zu Kennzahlen oder Zielsetzungen in andere Perspektiven.

7. Schritt: Managementworkshop: Zweite Runde

Teilnehmer: Topmanagement, zweite Ebene und eine große Anzahl von Managern der mittleren Ebene. Hier sollen die Vision, die Strategieaussagen und die vorläufigen Zielsetzungen und Kennzahlen der Scorecard diskutiert werden. Die Ergebnisse der Untergruppen sollten von deren Vertretern präsentiert werden. Die anderen Teilnehmer können hier noch die Ergebnisse kommentieren und beeinflussen. Resultat dieses Workshops sollte eine Broschüre zur Vermittlung der Inhalte und Absichten der Scorecard an alle Mitarbeiter der SGE sein. Außerdem sollten die Teilnehmer Ziele für die vorgeschlagenen Kennzahlen sowie Sollraten zur Verbesserung (innerhalb der nächsten fünf Jahre) formulieren.

8. Schritt: Entwicklung des Umsetzungsplans

Ein neu gebildetes Team sollte den Umsetzungsplan für die BSC entwickeln. Dieser sollte die Antwort auf die Frage enthalten, wie die Kennzahlen mit den Datenbanken und Informationssystemen verknüpft werden sollen, um die BSC der ganzen Organisation zu vermitteln und die Entwicklung von Versionen für die dezentralen Einheiten zu unterstützen und zu vereinfachen. Auch ein völlig neues Informationssystem für Führungskräfte wäre als Ergebnis denkbar.

9. Schritt: Managementworkshop: Dritte Runde

Das Topmanagement trifft sich zum dritten Mal, um zu einem endgültigen Ergebnis über die Vision, die Zielsetzungen und die Kennzahlen, die in den ersten beiden Workshops erarbeitet wurden, zu kommen und um die Fernziele, die vom Umsetzungsteam vorgeschlagen wurden, zu bestätigen. Außerdem werden vorläufige Aktionsprogramme zur Erreichung der Vorgaben festgelegt.

10. Schritt: Abschluss des Umsetzungsplans

Damit eine BSC wertschöpfend wird, muss sie in das Managementsystem der Organisation integriert werden. Es ist empfehlenswert, dass das Management innerhalb von 60 Tagen beginnt, die BSC zu verwenden.[106]

---

[106] Vgl. Kaplan/Norton, 1997, S. 290 ff. Siehe ebenso Greischel, 2003, S. 25 ff.

4 Praxisorientierte Balanced Scorecard unter Berücksichtigung der Anforderungen an ein modernes MIS

Der grundlegende theoretische Ansatz der BSC hat sich bereits durchgesetzt und bewährt, was die Vielzahl von Unternehmen, die die BSC weltweit einsetzen, beweist. Wie im vorangegangenen Kapitel anhand der Studie von Horváth & Partner aufgezeigt, hat aber nicht jedes Unternehmen, das die BSC einsetzt, die gewünschten Potenziale der BSC erreichen können. In der Analyse haben sich drei Kernpunkte herausgebildet, die als Ursachen dafür ermittelt werden konnten:

- Hoher Konzeptions- und Implementierungsaufwand über alle Hierarchiestufen
- Informationsbereitstellung durch MIS nicht gegeben
- Strategie in den operativen Bereichen nicht nachvollziehbar

Ausgehend von diesen Erkenntnissen wurde aus der Beratungserfahrung des Autors ein praxisorientiertes MIS entwickelt, das sich zwar an dem klassischen Ansatz der BSC von Kaplan und Norton orientiert, sich aber auch stark an den Erfordernissen der verschiedenen Unternehmensbereiche ausrichtet, indem es sehr stringent aufgebaut ist. Damit die BSC als Managementsystem dem Management die entscheidungsrelevanten Daten zeitnah zur Verfügung stellen kann, wurde sie um die Komponenten eines MIS erweitert, wobei die folgenden Kritikpunkte besondere Berücksichtigung finden.

4.1 Kritikpunkte am theoretischen Balanced-Scorecard-Modell von Kaplan und Norton

Die Kritikpunkte an der von Kaplan und Norton vorgestellten Vorgehensweise sollen im Einzelnen anhand der nachfolgenden Abbildung erläutert werden:

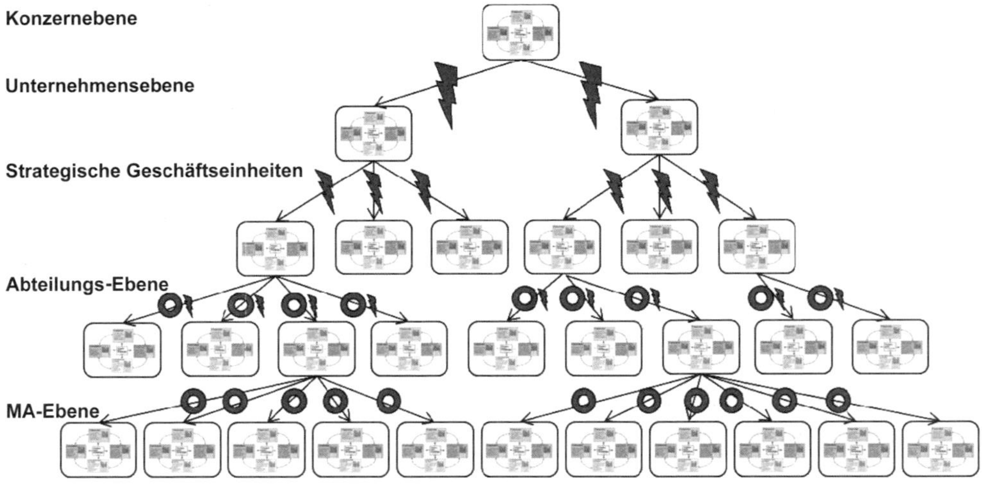

Abbildung 13: Ableitung der BSC nach Kaplan und Norton

4.1.1 Hoher Konzeptions- und Implementierungsaufwand

Nach Kaplan und Norton ist, wie oben dargestellt, die Konzern-Scorecard auf die Unternehmen des Konzerns herunterzubrechen. In nächsten Schritt sollen dann die Unternehmens-Scorecards auf die strategischen Geschäftseinheiten übertragen werden, danach auf die Abteilungen der SGE, die wiederum ihre BSC auf die einzelnen Abteilungen und Mitarbeiter übertragen, sodass am Ende vom Konzern abwärts bis zum Mitarbeiter die Strategie heruntergebrochen wird.

4.1.1.1 Vertikale Ableitung der Balanced Scorecard

- Die Ableitung der vorgelagerten BSC auf die nachgelagerte BSC, z.B. vom Konzern auf das Unternehmen oder vom SGF auf die einzelnen Abteilungen (siehe Blitze in der obigen Abbildung), stellt sich in der Praxis als sehr schwierig dar, weil die Strategie immer wieder den entsprechenden Produkt/Markt-Umfeldern und Wettbewerbssituationen angepasst werden muss, wodurch völlig neue Strategieansätze entstehen können und die nötige Stringenz verloren geht.
- Besondere Schwierigkeiten bereitet in der Praxis die Ableitung der BSC von den strategischen Geschäftseinheiten auf die Abteilungen von und diesen auf die MA, da die meisten Abteilungen und der MA in der Praxis keine eigene Strategieformulierung besitzen. Hier stellt sich die Frage: Was ist nun die Vorlage für die nachgelagerte BSC, wenn kein eigener Strategieansatz für diese Einheiten definiert wurde? (siehe Ringe in der obigen Abbildung)
- Da nach Kaplan und Norton alle Hierarchiestufen eingebunden sind, ist der Implementierungsaufwand enorm, was in der Praxis eines der größten Hindernisse bei der Einführung ist, da sehr viele Abstimmungsgesprächsrunden nötig sind und alle Bereiche bis zum MA ihre eigenen Ziele verfolgen, die nur schwer bis gar nicht miteinander vereinbar sind.

4.1.1.2 Änderungs- und Pflegeaufwand

Nimmt man beispielsweise an, dass ein Konzern 2000 Mitarbeiter hat, so muss man davon ausgehen, dass, wenn die BSC bis zur MA-Ebene eingeführt wird, es ca. 2100 BSCs gibt, die es zu implementieren und zu pflegen gilt. Geht man weiter davon aus, dass jedes Jahr ein BSC-Review durchgeführt wird, kann der Aufwand derart ansteigen, dass es zu einer Blockade der MA bei der Wartung kommen kann und so das operative Geschäft Schaden nimmt.

4.1.1.3 Akzeptanzprobleme auf Mitarbeiterebene

Das Abstraktionsvermögen der MA betreffend ihre MA-BSC ist einer der kritischsten Punkte, da die MA an der Basis bzw. die operativen MA in der Regel nicht das betriebswirtschaftliche Verständnis haben, um eine BSC umzusetzen und danach zu arbeiten. So ist es z.B. für einen MA in der Produktion schwierig, eine abstrakte Strategie nachzuvollziehen, und meist kaum möglich, diese dann auch noch auf sein persönliches Arbeitsumfeld zu übertragen. Zeigt man ihm jedoch für ihn nachvollziehbare Ziele und Messgrößen auf, die er auch durch seine Arbeitsleistung beeinflussen kann, wird er auf dieser Ebene die Strategie indirekt verstehen und umsetzen können.

4.1.1.4 Komplexitätsgrad der Informationsbereitstellung durch MIS

Es kann davon ausgegangen werden, dass die EDV-technische Umsetzung aufgrund der extremen Datenflut sehr komplex ist.

Geht man beispielsweise von 2.100 BSCs aus und unterstellt man ca. 20 Ziele mit Kennzahlen, so kommt man auf ca. 42.000 Ziele mit Kennzahlen für einen Konzern mit 2.000 Mitarbeitern. Dies erfordert komplexe EDV-Umsetzungsprogramme, die auf alle Fälle mit automatischen Schnittstellen programmiert werden müssten (Data Warehouse). Nicht zu unterschätzende Kosten sind bei der Implementierung und der Definition der Schnittstellen sowie die spezifischen Umsetzungsprogramme und die Hardware zu berücksichtigen.

4.1.1.5 Verlust hierarchischer Zielzusammenhänge

Ein weiterer Kritikpunkt besteht darin, dass die Ziele der nachgelagerten BSCs i.d.R. unmittelbar mit den vorgelagerten BSC zusammenhängen und die Stringenz bzw. die Durchgängigkeit und die direkten Zusammenhänge der Ziele der einzelnen BSCs nicht gegeben sind, wenn jeweils neue Strategieformulierungen vorzunehmen sind. Diese logischen Bruchstellen sind in der obigen Abbildung durch Blitze dargestellt und machen deutlich, dass BSCs nur auf der Ebene der strategischen Geschäftseinheiten sinnvoll sind, die eine eigene Produkt/Markt-Positionierung haben.

4.1.1.6 Nachvollziehbarkeit der Strategie in den operativen Bereichen

Wie bereits zuvor angeführt, gibt es in der Praxis kaum Strategien für Abteilungen und MA, da die Konzeption von Strategien mit sehr hohem Aufwand verbunden ist und der entstehende Nutzen nur sehr gering bis gar nicht nachweisbar ist.

Grundsätzlich sollte die BSC ihren Fokus auf die Geschäftsfeldebene legen, da dort tatsächlich Produkte bzw. Dienstleistungen am Markt angeboten werden. Dies führt dazu, dass gerade auf der Ebene der SGE Wettbewerb stattfindet und daher auch konkrete Strategien in Bezug auf den Wettbewerb zu definieren sind.[107] Porter zeigt aber auch auf, dass Konzern- und Unternehmensebenen-Strategien entwickelt werden müssen, Corporate Strategys, um eben Entscheidungen über Märkte, Geschäftsbereiche und Führung zu treffen.[108] Dadurch wird deutlich, dass Strategieformulierungen ab der Ebene unterhalb der SGE keinen zusätzlichen Nutzen mehr für den Konzern bzw. das Unternehmen haben, da keine strategischen Auswirkungen für das Wettbewerbsumfeld zu erwarten sind.

4.1.2 Kritische Würdigung der Balanced-Scorecard-Einführung

Auch in der Literatur finden sich Hinweise auf die Herausforderungen, die mit einer BSC-Einführung verbunden sind. So weisen Uebel und Helmke darauf hin, dass eine Einführung der BSC ressourcenschonend erfolgen sollte und dass die Mitarbeiter zu integrieren sind, „damit nicht ein weiteres verwaltungsintensives, wenig akzeptiertes Steuerungsinstrument entsteht. Letztlich erfordert auch die Einführung einer BSC ein

[107] Vgl. Eschenbach et al., 2003, S. 226.
[108] Vgl. Porter, 1987, S. 30 ff., in Harvard Manager 4/87.

‚Change Management'. (...) Entscheidend ist, dass die Kennzahlen von den Mitarbeitern akzeptiert und von diesen auch beeinflusst werden können. (...) Ebenso sind die eingeleiteten Maßnahmen zur Erreichung der Sollwerte zu dokumentieren. Scoreboards mit einem optisch ansprechenden Layout sollten über den Fortschritt in den einzelnen Kennzahlen schnell und übersichtlich informieren."[109] Auch wenn Uebel und Helmke die Kernpunkte für die Praxisorientierung einer BSC aufzeigen, fehlt doch der Lösungsansatz, diese Praxisorientierung umzusetzen.

Der nachfolgende Lösungsansatz versucht eine praxisorientierte, stringente BSC aufzuzeigen, die sich bereits in der Unternehmenspraxis bewährt hat. Dieses Konzept der anwandten BSC unter Berücksichtigung der Anforderungen an ein modernes MIS soll nun im Weiteren vorgestellt werden.

4.2 Das stringente bzw. direkte Modell – ein modernes MIS

4.2.1 Vertikale Ausbreitung einer Balanced Scorecard

Im Mittelpunkt der Frage, wie eine stringente Balanced Scorecard strukturell aufgebaut sein sollte, steht die Fragestellung: „Wie viele BSCs braucht ein Konzern bzw. ein Unternehmen?"

Das vorliegende Konzept setzt sich an dieser Stelle mit Ansprüchen auseinander, die an die Nutzer der einzelnen Unternehmensbereiche gestellt werden und die sie an ein Managementsystem stellen. Diese Bereiche sind in ihrer hierarchischen Reihenfolge die:

- Konzernebene
- Unternehmensebene
- Ebene der strategischen Geschäftseinheiten (SGE)
- Abteilungsebene
- Teamebene
- Mitarbeiterebene

In der folgenden Abbildung ist der praxisorientierte Ansatz dargestellt, der die strategischen Geschäftseinheiten als Ausgangspunkt für die Ausdehnung der BSC annimmt.

---

[109] Uebel/Helmke, 2003, S. 6.

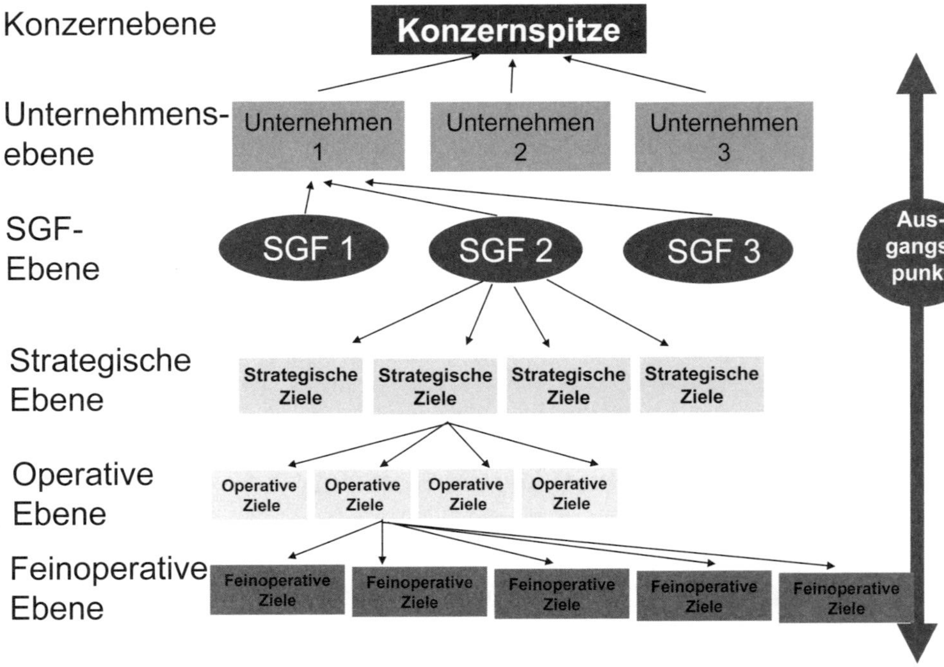

Abbildung 14: Stringenter Aufbau eines modernen MIS[110]

Die Abbildung macht die zwei Grundannahmen des gegenständlichen Modells deutlich: 1.) Der Ausgangspunkt der Strategie muss immer die SGE sein und 2.) pro SGE bedarf es nur einer BSC, die aufgrund der Ableitung von operativen und feinoperativen Zielen aus den strategischen Zielen gerechtfertigt wird. Im Weiteren werden diese beiden Grundannahmen näher beleuchtet.

4.2.1.1 Ausgangspunkt einer Strategie ist immer die SGE

Bei der praxisorientierten Implementierung einer BSC ist die Definition einer strategischen Geschäftseinheit so weit wie möglich zu fassen, um den Implementierungsaufwand der BSC möglichst gering zu halten. Dass der Ausgangspunkt einer BSC die SGE sein sollte, wird insbesondere durch die Definition einer SGE bekräftigt, die besagt, dass es sich um eine Produkt/Marktkombination handelt, für die es sich lohnt, eine eigene Strategie zu formulieren.

Unternehmen werden meist als eigenständige rechtliche Konstrukte verstanden, für die es oft keine eigene Strategieformulierung gibt, da sich Strategien sehr stark am Wettbewerb und nicht an rechtlichen Prämissen orientieren. Die meisten Unternehmen sind in mehreren dieser Produkt/Marktkombinationen tätig, sodass für diese eigene strategische Geschäftseinheiten gebildet werden. Nur für diese strategischen Geschäftsfelder, die eine eigene Strategieformulierung für ihr Wettbewerbsumfeld benötigen, sollte eine eigene BSC entworfen werden. Betrachtet man nun die Konzernspitze, so wird deutlich,

[110] Foliensatz Schermann, 2007.

dass im Gegensatz zu SGEs insbesondere börsennotierte Konzerne mit nur drei Zielen an der Konzernspitze steuern:

- Unternehmenswertzielen, wie EVA, SHV,
- Gewinn- und Rentabilitätszielen, wie ROI, ROS, und
- Liquiditätszielen, Cashflow.

Da BSCs mit etwa 20 strategischen Zielen arbeiten, stellt sich aufgrund der Fokussierung von Konzernen auf die oben angeführten drei Meta-Zielen die Frage nach der Sinnhaftigkeit der Implementierung von Konzern-BSCs.

Will nun ein Konzern eine eigene Konzern-BSC implementieren, so wird dem insofern entsprochen, als man die einzelnen SGF-BSCs bottom up, unter Berücksichtigung der drei wesentlichen Ziele des Konzerns, aggregiert.

4.2.1.2 Das Herunterbrechen von strategischen Zielen auf die untergeordneten Ebenen

Grundsätzlich wird empfohlen, keine BSC für die Abteilungen und die MA abzuleiten, da, wie schon oben erwähnt, der Implementierungs- und Wartungsaufwand zu hoch ist. Außerdem sind die Stringenz bzw. der unmittelbare Zusammenhang der vor- und nachgelagerten BSCs nicht gegeben.

Wie in Abbildung 14 zu sehen ist, wird jedes strategische Ziel der SGF-BSC auf drei bis sechs weitere operative Ziele heruntergebrochen. Die Abbildung 14 zeigt das strategische Ziel „Kosten senken“, das aus der finanzwirtschaftlichen Perspektive eines Handelsunternehmens entlehnt wurde. Bei der Ableitung der operativen Ziele aus dem strategischen Ziel steht die Frage, wie das strategische Ziel „Kosten senken“ auf die nächste operative Ebene heruntergebrochen werden kann, im Vordergrund. Gesucht werden also jene operativen Ziele, die das gegenständliche strategische Ziel „Kosten senken“ direkt beeinflussen.

Als Beispiel soll nachfolgende Abbildung dienen, in der das strategische Ziel einer SGE-Scorecard, Kosten senken, auf die operative Ebene heruntergebrochen wird. Wesentlich ist hier auch, dass durch die Ableitung der operativen Ziele in der nachfolgenden Ebene die Strategie top down abgeleitet wird und in einem unmittelbaren Zusammenhang mit den vorgelagerten strategischen Zielen steht. Anhand des Beispiels soll klar werden, dass das Ableiten von operativen Zielen im unmittelbaren Zusammenhang mit wesentlichen strategischen Entscheidungen steht: Ob nun das operative Ziel Personalkosten oder das operative Ziel Handelswareneinsatz ausgewählt wird, macht für die nachfolgenden Ebenen erhebliche Unterschiede. Durch das stringente Herunterbrechen der strategischen Ziele auf die Ebene der operativen Ziele wird zusätzlich die Strategie auf die nächste Ebene transportiert und von dieser auch verständlich angenommen, da dieses operative Ziel von der nachfolgenden Ebene beeinflusst und so auch verantwortet werden muss.

Um nun die Ziele stringent bis auf die Abteilungs- und Mitarbeiterebene herunterzubrechen, wird jedes operative Ziel auf eine weitere Ebene, die feinoperative Ebene, abgeleitet. So kann gewährleistet werden, dass die Strategie top down auf die Mitarbeiterebene angepasst und empfängerorientiert kommuniziert wird.

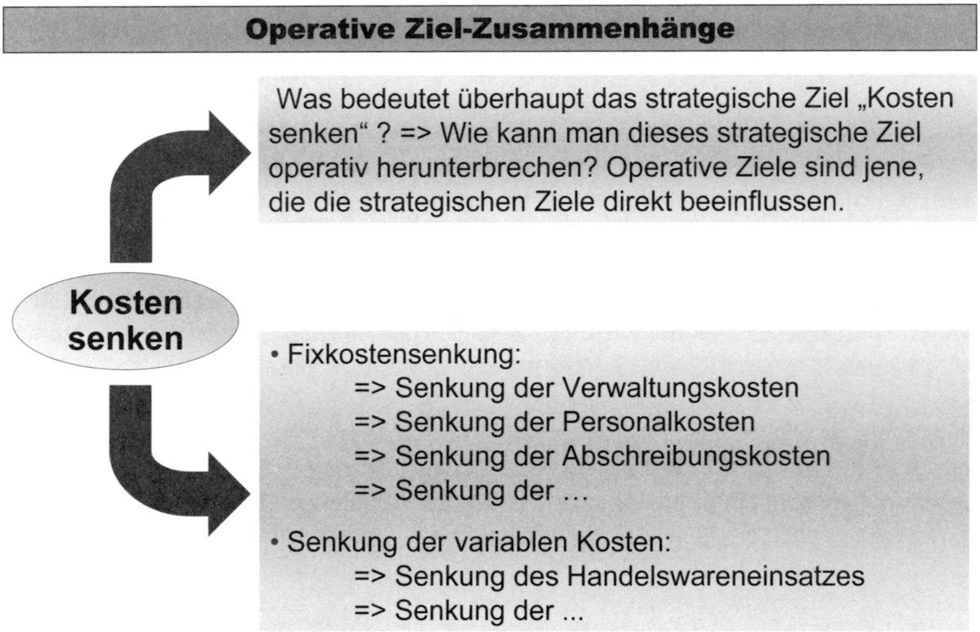

Abbildung 15: Strategisches Ziel: Kosten senken[111]

Wenn die Komplexität der strategischen Geschäftseinheit es erfordert, können die Ziele noch weiter auf die nächstfolgende Ebene heruntergebrochen werden; diese nachgelagerte Ebene wird als feinoperative Ebene bezeichnet.

Auf diese Weise entsteht, im Gegensatz zu einer Fülle von BSCs, auf unterschiedlichen Ebenen, ein Ziel-Kennzahlen-System für eine SGF mit ca. 150 bis 200 Kennzahlen.

4.3 Würdigung der praxisorientierten Balanced Scorecard

4.3.1 Konzernebene und Unternehmensebene

Der Grundgedanke der praxisorientierten BSC nach Jochen und Voggenreiter ist, dass auf Konzern- und Unternehmensebene nach den Regeln des Wertmanagements gesteuert wird. Als Kennzahlen werden der Discounted Cashflow (DCF), der Economic Value Added (EVA) und der Shareholder Value (SHV) in der Unternehmenspraxis eingesetzt. Dies entspricht auch den Erwartungen, die an ein Unternehmen von den Anspruchsgruppen (wie Shareholder, Eigentümer) gestellt werden.[112]

Auch Horváth & Partner unterstützen diese Aussage von Jochen und Voggenreiter: „Die grundlegende Ausrichtung der Planung und Steuerung des Unternehmens an einer übergeordneten wertorientierten Spitzenkennzahl – dem Wertbeitrag bzw. der Kapitalrendite – ergänzt sich ideal mit dem Ansatz der Balanced Scorecard, der eine Ausrich-

[111] Schermann, 2007, Foliensatz, S. 83: Das strategische Ziel „Kosten senken" eines Handelsunternehmens wird auf eine operative Ebene heruntergebrochen.

[112] Vgl. Jochen/Voggenreiter, 2002, S. 616, in Controlling Heft 11, November 2002.

tung aller finanziellen Einflussfaktoren an einer zentralen Spitzengröße in der Finanzperspektive verfolgt. Demzufolge orientiert sich die Identifikation der wesentlichen Werthebel und Wertetreiber in der Balanced Scorecard an einem übergeordneten strategischen Ziel zur nachhaltigen Steigerung des Unternehmenswertes. Zur Beschreibung der drei wichtigsten Werthebel zur Beeinflussung des Wertbeitrages werden weitere finanzielle Ziele in der Finanzperspektive aufgenommen:

- Strategisches Ziel zur Steigerung der Profitabilität
- Strategisches Ziel zur Steigerung der Effizienz des eingesetzten Kapitals
- Strategisches Ziel zur Umsetzung von Wachstumspotenzialen."[113]

Grundsätzlich wird empfohlen, in Befolgung des wertorientierten Ansatzes auf eine Konzern-BSC zu verzichten. Vielmehr sollen die Spitzenziele des Konzerns in der nachgelagerten SGF-BSC in der Finanzperspektive ihre Berücksichtigung finden.

Konzern- bzw. Unternehmensleitung legen die Vision und die Strategie fest, die dann von den einzelnen SGEs entsprechend ihrem Marktumfeld und Produktportfolio umgesetzt werden müssen. Hier wurde in der Praxis die Erkenntnis gewonnen, das auf dieser hierarchischen Ebene keine BSC benötigt wird, da mit der BSC keine Strategie entwickelt, sondern vielmehr eine entwickelte Strategie umgesetzt werden kann. Die nötigen Kennzahlen für die erfolgreiche Umsetzung der vorgegebenen Strategie liefert wiederum das MIS. Die Konzern- bzw. Unternehmensleitung steuert den Konzern bzw. das Unternehmen über wenige finanzielle Kennzahlen.

4.3.2 Strategische Geschäftseinheiten

Ausgehend von einer eigenständigen SGE kann die Konzern- bzw. Unternehmensstrategie auf die einzelne SGE übertragen werden und dort in die Produkt/Marktkombination eingearbeitet werden. „Leiter aller Unternehmensebenen können ihre eigene Balan-

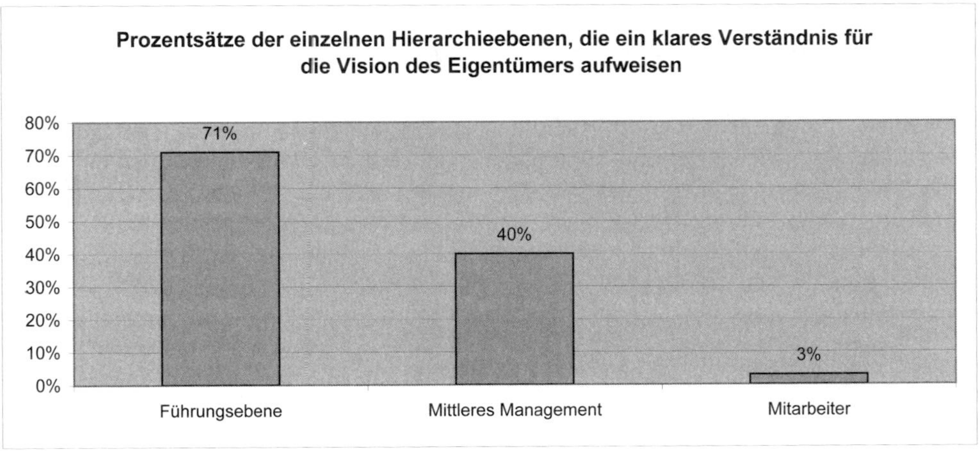

Abbildung 16: Verständnisvermittlung beim Herunterbrechen der Vision[114]

[113] Horváth & Partner, 2004, S. 384 f. Balanced Scorecard umsetzen.

[114] Horváth & Partner, 2003, S. 77, Highlights der Studie „100 x BSC".

ced Scorecard aufbauen, soweit sich diese in Übereinstimmung mit der Vision und Strategie des Unternehmens befinden und diese unterstützen."[115]

Der praxisorientierte BSC-Ansatz trägt auch dem sich verändernden Unternehmensumfeld Rechnung, gerade weil sich Unternehmensstrukturen an die schnellen Veränderungen der Märkte anpassen müssen. Wie Ehrmann heben auch Fridag und Schmidt diese Notwendigkeit der schnellen Anpassung hervor und erkennen starre Hierarchien als deutlichen Wettbewerbsnachteil.[116] „Dementsprechend befinden sich auch die Strukturen der Unternehmen im Umbruch. Wenn wir in unseren Unternehmen eine Balanced Scorecard erarbeiten, sollten wir uns auch dieser Problematik stellen. Denn in dem Maße, wie wir gewillt sind, flache, dezentralisierte und eigenverantwortliche Strukturen zu schaffen, benötigen diese Strukturebenen auch ihre eigenständigen strategischen Orientierungen."[117]

Wie bereits dargestellt, ist ein stringentes Herunterbrechen der Konzern- bzw. Unternehmensstrategie nur möglich, wenn die SGE als Ausgangspunkt für die BSC gewählt wird. Vor dem Hintergrund der Kritik an der traditionellen BSC wird deutlich, dass es ökonomisch nicht vertretbar ist, für die nachfolgenden Ebenen (Abteilungs-, Team- und MA-Ebene) Scorecards vorzusehen; es empfiehlt sich vielmehr, die aus dem Leitbild abgeleiteten strategischen Ziele der einzelnen Perspektiven in Form von Zielen, Kennzahlen, Plangrößen und Aktionen in die nachfolgenden Ebenen herunterzubrechen und stringent abzuleiten. Geht man davon aus, dass jede BSC etwa 20 strategische Ziele be-

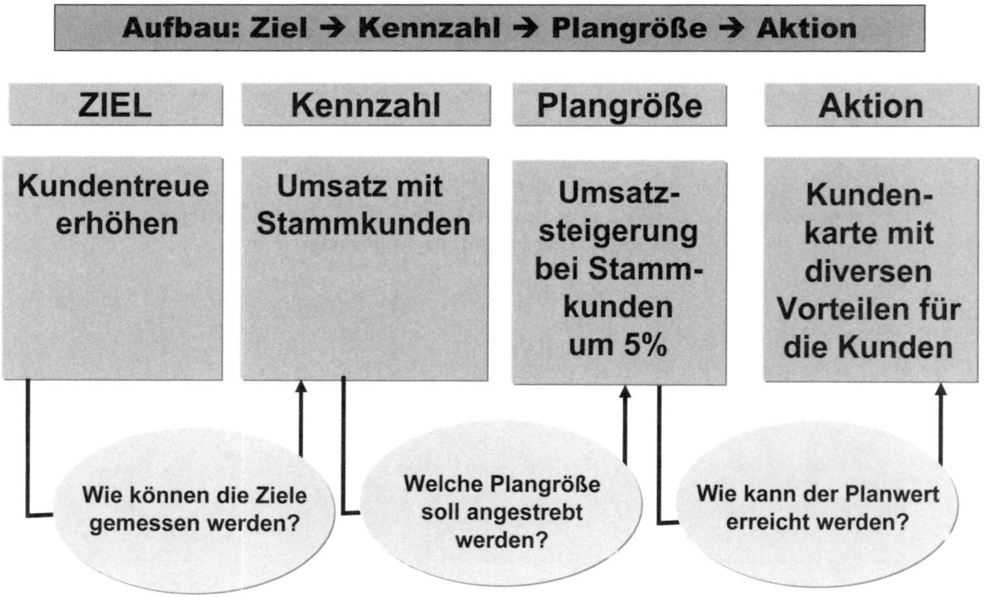

Abbildung 17: Ableitung der Ziele in Kennzahlen und Aktionen[118]

[115] Ehrmann, 2000, S. 63.
[116] Vgl. Ehrmann, 2000, S. 64, siehe auch Fridag/Schmidt, 2002, S. 238.
[117] Fridag/Schmidt, 2002, S. 238.
[118] Schermann, 2007, Foliensatz S. 47.

inhaltet und dass es eine Fülle von BSCs auf den unterschiedlichen Hierarchieebenen – wie das auch Kaplan und Norton vorschlagen – gibt, so muss man an dieser Stelle auch beachten, dass jedes einzelne strategische Ziel im Sinne von Kennzahlen, Plangrößen und Aktionen noch weiter operationalisiert werden muss. Dies führt zu einem weiteren erheblichen Aufwand.

Die strategischen Ziele der SGE werden klar definiert und in Kennzahlen, Plangrößen und Aktionen gegossen, so dass strategische Ziele der SGE-BSC durch operative und feinoperative Ziele und Messgrößen abgeleitet werden können. Auch für die operativen und feinoperativen Ziele gilt, dass diese in Plangrößen und Aktionen gefasst werden. So wird es möglich, strategische Ziele indirekt durch operative und feinoperative Kennzahlen zu steuern, indem bis hin zum einzelnen Mitarbeiter erkennbar ist, wie er das Ergebnis beeinflusst. Hierzu sind keine Scorecards auf den einzelnen Ebenen nötig, im Gegenteil, sie machen die notwendigen Reaktionen auf Unternehmensumfeldänderungen unnötig schwerfällig. Das mag mit ein Grund sein, warum sich BSC auf unteren Ebenen in der Praxis nicht durchgesetzt hat, wie die Horváth-&-Partner-Studie belegt.[119]

4.3.2.1 Operative und feinoperative Ebene

Erfolgreiches Herunterbrechen der strategischen Ziele bedeutet, dass jeder Mitarbeiter versteht, worum es bei der Unternehmensstrategie bzw. den strategischen Zielen der SGE geht. Das kann jedoch nicht erreicht werden, wenn nur die abstrakte Vision oder Strategie übermittelt wird, also die Vision des Konzerns oder Unternehmens plakativ als Unternehmensleitsätze ausgehängt werden. Dieser Ansatz scheitert in der Praxis sehr häufig an der

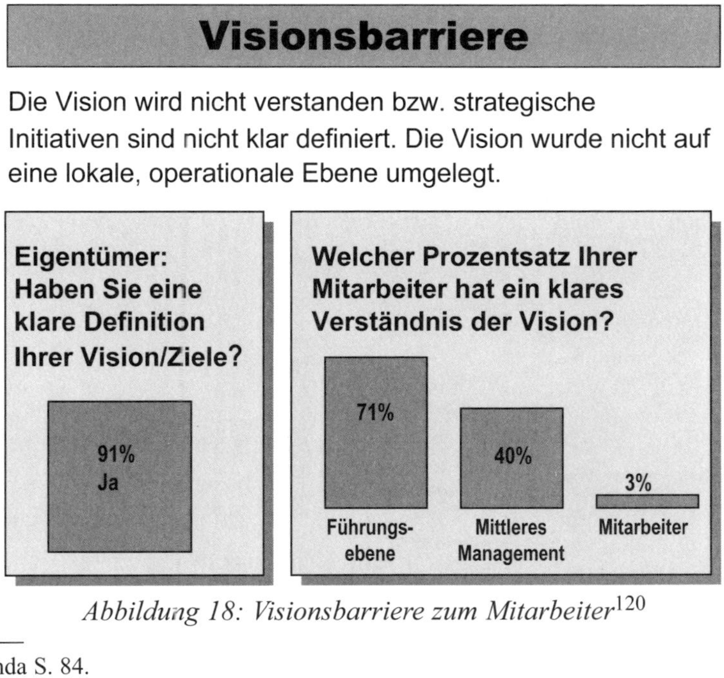

Abbildung 18: Visionsbarriere zum Mitarbeiter[120]

[119] Vgl. ebenda S. 84.
[120] Vgl. Schermann, 2007, Foliensatz S. 51.

Visionsbarriere, das heißt die Vision wird nicht verstanden, weil sie nicht auf die lokale operative Ebene übertragen wurde. Abbildung 18 zeigt die Folgen der Visionsbarriere. Einer Studie von Deloitte & Touche zufolge haben zwar 91% der befragten Unternehmen eine Vision und Strategie entwickelt und auch kommuniziert, aber nur 3% der Mitarbeiter der operativen Ebene können die Vision auf ihr direktes Arbeitsumfeld übertragen.

Das Konzept der praxisorientierten BSC durchbricht diese Barriere, indem für jedes strategische Ziel, das für die einzelnen Perspektiven der SGE-BSC definiert wurde, drei bis sechs operative Ziele und Kennzahlen erarbeitet werden. Falls die Tiefe bzw. Komplexität des SGEs es erfordert, werden die einzelnen operativen Ziele auf eine weitere Ebene, die feinoperative Ebene, heruntergebrochen. Diese operativen und feinoperativen Ziele werden im Sinne einer Zielvereinbarung zur Erfüllung den Führungskräften der jeweiligen Hierarchieebenen und den operativen Mitarbeitern zugewiesen. So werden die Ziele und Kennzahlen für Mitarbeiter beeinflussbar. Dem einzelnen Mitarbeiter wird nicht die abstrakte Strategie erklärt, sondern es werden ihm Ziele und Kennzahlen zugewiesen, die er verstehen und verantworten kann. Ein weiterer Vorteil dieser Vorgehensweise ist, dass der Mitarbeiter nicht nur die Ziele und Plangrößen seines direkten Arbeitsumfelds kennt, sondern dass er auch weiß, wie er diese Kennzahlen beeinflussen kann. Auf diese Weise lernt er, wie seine persönliche Arbeitsleistung dazu beitragen kann, den Unternehmenserfolg sicherzustellen und zu verbessern, was in der logischen Konsequenz auch dazu führt, dass die Unternehmensvision und -strategie kommuniziert wird.[121]

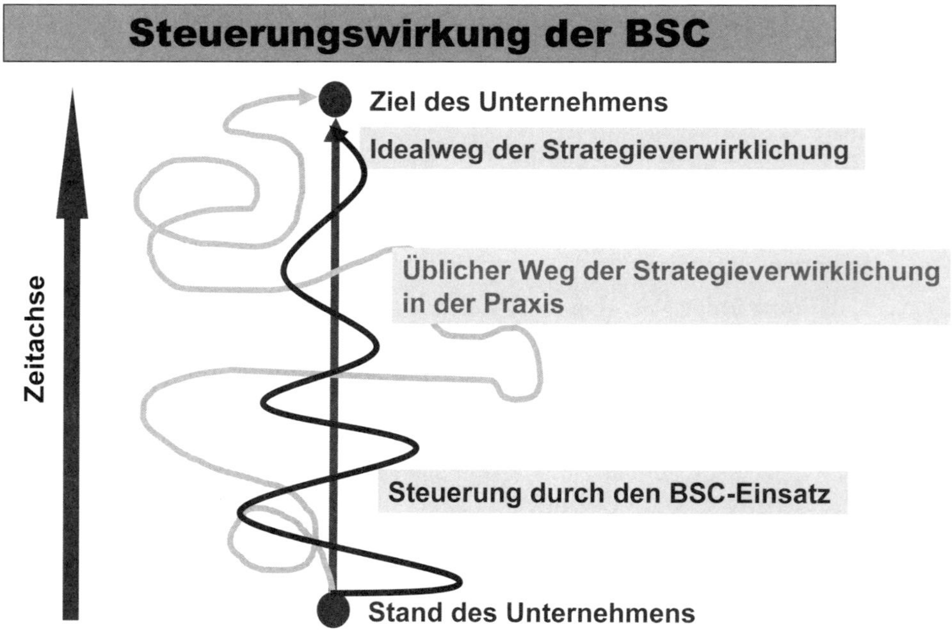

Abbildung 19: Steuerungswirkung der Balanced Scorecard[122]

[121] Vgl. ebenda, S. 51.
[122] Vgl. ebenda, S. 78.

Geht man davon aus, dass ein modernes MIS nach dem vorliegenden Konzept ca. 150 bis 200 Kennzahlen aufweist, so kann man aus diesem Pool von Kennzahlen jedem Mitarbeiter etwa drei bis zehn Ziele zuweisen. Dies führt dazu, dass die MA die operativen und feinoperativen Ziele beeinflussen und so auch wissen, dass sie wesentlich zur Strategieerreichung beitragen. Dadurch ermöglicht die BSC eine Steuerungswirkung entlang der strategischen Ideallinie: Man steuert auf diese Weise so geradlinig wie möglich in Richtung der Strategieerreichung.

Der Idealweg der Strategieverwirklichung bleibt zwar ein Meta-Ziel der Unternehmensführung, kann jedoch in der Praxis kaum erreicht werden. Durch den Einsatz eines praxisorientierten MIS kann die Steuerung so nahe wie möglich entlang des Idealweges der Strategieverwirklichung erfolgen. Die Abstände werden durch ständige Lernprozesse des Anwenders mit zunehmender Erfahrung immer geringer.

Wird dieses auf den Mitarbeiter zugeschnittene Ziel und Kennzahlensystem im nächsten Schritt mit einem Anreiz- und Vergütungssystem wie z.B. einem Management by Objectives im Sinne einer Zielvereinbarung verbunden, können zusätzliche Steuerungsparameter geschaffen werden, die die Erreichung der strategischen Ziele der SGE sicherstellen. Auf diese Weise kann das finanzielle Ziel des Unternehmens indirekt durch vom Mitarbeiter beeinflussbare Faktoren verbessert werden.[123]

4.3.3 Die Auswahl der Perspektiven in der Praxis

Grundsätzlich gehen Kaplan/Norton davon aus, dass die ausgewählten vier Perspektiven:

- Finanzperspektive
- Kundenperspektive
- Prozessperspektive
- Lern- und Entwicklungsperspektive

nur als grundsätzliche Vorgabe gelten können.

4.3.3.1 „Balanced" bzw. Ausgewogenheit der Perspektiven am Beispiel der Flugzeug-Metapher

Grundsätzlich sollte der Begriff „Balanced" auch für die Gleichberechtigung der Perspektiven gelten. Der Autor geht davon aus, dass es nicht zu einer hierarchischen Ausrichtung der Perspektiven kommen sollte, sondern dass alle Perspektiven gleichberechtigt sind. Anhand der Flugzeug-Metapher soll das „Balanced" der BSC näher erläutert werden.

Die Abbildung 20 illustriert die Flugzeug-Metapher. Legt man ein Flugzeug (der Rumpf des Flugzeugs verbindet die Kundenperspektive mit der Innovations- und Wachstumsperspektive, die Flügel des Flugzeugs verbinden die finanzwirtschaftliche Perspektive mit der internen Prozessperspektive) über die vier Perspektiven der BSC, so wird davon ausgegangen, dass ein Flugzeug so direkt wie möglich sein Ziel erreichen möchte. Manchmal ist aber notwendig, speziell beim Start, die vierte Perspektive, die Innovations- und Wachstumsperspektive, zu betonen und diese kurz- bis mittelfristig hierarchisch über die anderen Perspektiven zu stellen. Ist das Flugzeug in der Luft und

[123] Ebenda, S. 25.

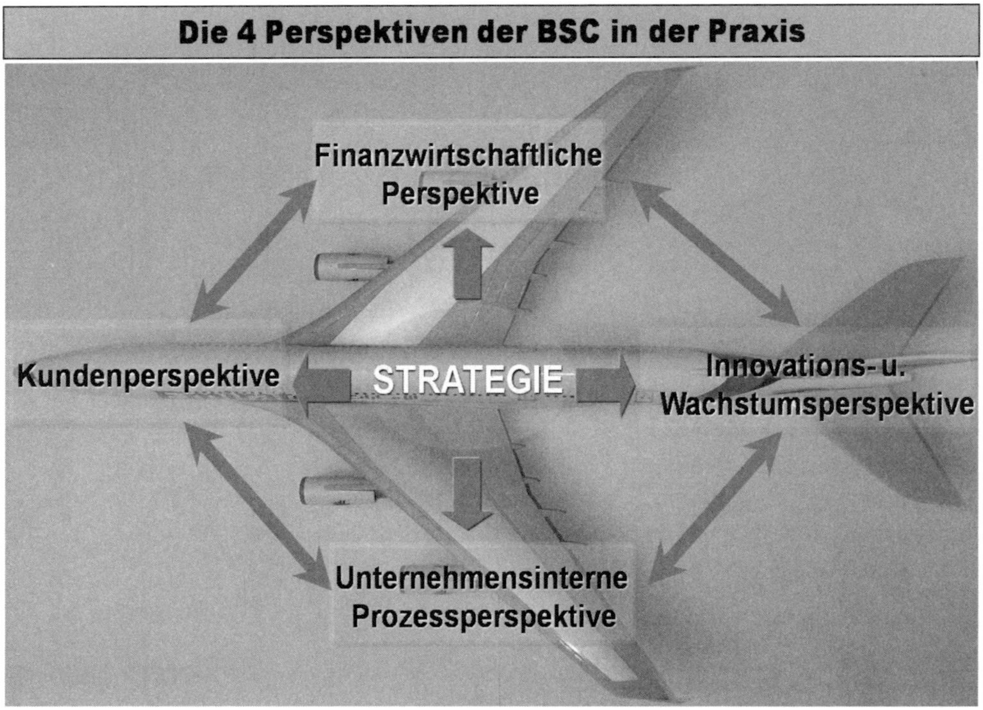

Abbildung 20: Flugzeug-Metapher

werden Manöver nach links oder rechts notwendig, so müssen dann einmal die Perspektive Finanzen und ein anderes Mal die Prozessperspektive betont und in den Vordergrund gestellt werden. Beginnt der Sinkflug zum Ziel, so kann die Kundenperspektive im Vordergrund stehen.

Grundsätzlich steuert das Unternehmen so „balanced" wie nur möglich in Richtung Vision oder Mission. Während Kaplan und Norton davon ausgehen, dass die einzelnen Perspektiven der BSC hierarchisch (1. Finanzwirtschaftliche Perspektive, 2. daraus wird die Kundenperspektive abgeleitet, 3. daraus wiederum die interne Prozessperspektive und 4. aus den vorangegangenen Perspektiven wird die Innovations- und Wachstumsperspektive abgeleitet) zu sehen sind, zeigt die Flugzeug-Metapher, dass je nach strategischer Schwerpunktsetzung eine Perspektive einmal in den Vordergrund gestellt wird und ein anderes Mal gegenüber den anderen Perspektiven „benachteiligt" werden kann.

4.3.3.2 Differenzierte Perspektivenbezeichnung in der Praxis

Meine langjährige Beratungserfahrung zeigt, dass die ersten drei Perspektiven in den meisten Unternehmen ihre Rechtfertigung finden. Jedoch sind auch Ausnahmen zu finden: So weist beispielsweise die BSC einer NPO im öffentlichen Bereich keine Kundenperspektive auf, da die Kunden nicht bzw. noch nicht in der Strategie berücksichtigt sind. Vielmehr ist man in diesem speziellen Unternehmen darauf bedacht, ein Gleichgewicht zwischen den einzelnen Stakeholdern zu finden, und so wurde statt der Kundenperspektive eine Stakeholderperspektive eingeführt, die dazu dient, die politischen und öffentlichen Interessengruppen dieser NPO im Gleichgewicht zu halten.

4.3.3.3 Ausprägungen der Lern- und Entwicklungsperspektive

Die vierte Perspektive nach Kaplan/Norton wird in der Praxis etwas differenzierter gesehen, indem die folgende strategische Fragestellung untersucht wird: „Welche Ressourcen werden benötigt, um die Ziele der drei vorhergegangen Perspektiven erfüllen zu können?"

Dieser Ansatz geht also von einer Ressourcenperspektive aus. Da die mitteleuropäische Unternehmenslandschaft in der Regel von Dienstleistungsunternehmen geprägt ist, kann man hier in den meisten Fällen von der wichtigsten Ressource, nämlich den Mitarbeitern, ausgehen. Gerade in Unternehmen, die stark gewerkschaftlich organisiert sind, wäre es von besonderem Vorteil, die Perspektive MA-Perspektive zu nennen. Dies kann eine wesentliche Zustimmung („Commitment") bei den Mitarbeitern und beim Betriebsrat bzw. bei den Gewerkschaften auslösen. Erklärt man nun den einzelnen Interessenvertretern der MA, dass die strategische Führung aus vier Perspektiven besteht und eine davon eine MA-Perspektive ist, und stellt man die Perspektiven „balanced" zueinander, d.h. in keiner hierarchische Reihenfolge, so hat dies zur Folge, dass beispielsweise die MA-Ziele eine Gleichgewichtung mit den finanzwirtschaftlichen Zielen besitzen. Die praktische Erfahrung zeigt hier, dass damit eine große Akzeptanz der Mitarbeiter bei der Implementierung der BSC geschaffen werden kann, was als wesentlicher Erfolgsfaktor zu sehen ist.

4.3.3.4 Zusätzliche Perspektiven in der Praxis

In einigen Unternehmen kann sich auch eine spezielle fünfte Perspektive herauskristallisieren. Beispielsweise wurde in einem internationalen Konzern mit vielen Auslandsniederlassungen eine sogenannte Integrationsperspektive der einzelnen Niederlassungen eingeführt, um so strategisch sicherzustellen, dass die jeweiligen Unternehmenskulturen zu einem Unternehmen zusammenwachsen.

Ein weiteres Beispiel für eine fünfte Perspektive findet sich in Krankenhäusern, die in sehr hohem Maße der Öffentlichkeit im Sinne unterschiedlicher Interessengruppen verpflichtet sind. Dort wird in vielen Fällen eine sogenannte Öffentlichkeitsperspektive eingeführt, die die strategische Ausrichtung von Krankenhäusern zur Öffentlichkeit sicherstellt.

4.3.4 Strategische Kennzahlen und Ziele

4.3.4.1 Ableitung der Kennzahlen von den Zielen

Wie bei der klassischen BSC von Kaplan und Norton sind auch bei der stringenten praxisbezogenen BSC die strategischen Ziele der Ausgangspunkt zur Strategieableitung und -umsetzung. Grundsätzlich stellen sich im Prozess der Kennzahlenableitung zwei grundsätzliche Fragen:

- Wie viele strategische Ziele und Kennzahlen sind sinnvoll und notwendig?
- Wie wird der Zusammenhang zwischen den einzelnen Zielen sichergestellt, damit eine logische Verknüpfung entsteht?

Zunächst gilt für die Anzahl der zu definierenden Ziele und Kennzahlen, dass sie überschaubar bleiben. Der Autor empfiehlt, nicht mehr als drei bis sechs Ziele zu benennen, und gibt hierfür zwei Gründe an:

- In einer SGE existieren in der Regel nur wenige strategische Ziele, die für die Markt/Produktkombination von elementarer Bedeutung sind und auf die es sich zu konzentrieren gilt.
- Zweitens ist eine Steuerung über Kennzahlen nur sinnvoll, wenn diese für das Management nachvollziehbar bleibt.

Um diese Nachvollziehbarkeit zu ermöglichen, sollten die wesentlichen, erfolgswirksamen Ziele ermittelt werden und je Ziel auch nur eine Kennzahl zugeordnet werden. Auch hier sind einige kritische Worte zu dem System von Kaplan/Norton angebracht. In einigen Beispielen von Kaplan und Norton findet man zwei bis drei Kennzahlen für ein und dasselbe Ziel. Wird das strategische Ziel Kundenzufriedenheit mit der Kennzahl „Kundenzufriedenheitsindex nach einer Kundenbefragung" und mit einer weiteren Kennzahl „Anzahl der Reklamationen" gemessen, so kann es passieren, dass eine Kennzahl laut Plan-Ist-Vergleich im Plan ist und die andere eine negative Abweichung aufweist. Damit stellt sich die Frage, ob das eigentliche Ziel – beispielsweise Kundenzufriedenheit – nun erreicht wurde oder nicht. Hier kann also keine eindeutige Entscheidungsrichtung transparent gemacht werden. Um dieses Problem zu lösen, wäre es angebracht, zwei Ziele mit jeweils nur einer Kennzahl zu definieren: 1.) Das Ziel Kundenzufriedenheit wird mit dem Kundenzufriedenheitsindex gemessen; 2.) ein zweites Ziel wird definiert, nämlich Kundenreklamationen, das wiederum mit der Kennzahl „Anzahl der Reklamationen" gemessen wird.

4.3.4.2 Messung der Zielerreichung

Eine weitere zentrale Fragestellung ist die Messung selbst. Nur was gemessen werden kann, ist auch als Steuerungsgröße nutzbar, da besonders auf Mitarbeiterebene die möglichen Auswirkungen durch Verhaltensänderungen bzw. der Einfluss des Mitarbeiters auf den Prozess sichtbar und messbar sein muss, um motivierende Wirkung zu erzielen. Wie aus der folgenden Abbildung hervorgeht, müssen aber noch weitere Schritte folgen. Nachdem die Ziele und Kennzahlen festgelegt sind, müssen im nächsten Schritt Plangrößen festgelegt werden, welche die Frage nach dem angestrebten Zielwert beantworten. Im letzten Schritt wird geklärt, wie dieser Ziel- oder Planwert erreicht werden kann, indem Aktionen festgelegt werden, die allen Beteiligten vermitteln, wie sie die Zielerreichung beeinflussen können.[124]

Bei der praxisorientierten Vorgehensweise wird dieser Weg nicht nur für die strategischen Ziele, sondern auch für die abgeleiteten operativen und feinoperativen Ziele verfolgt. So kann sichergestellt werden, dass die Strategie stringent bis in die MA-Ebenen abgeleitet wird und dort auch durch die Definition von Aktionen operationalisiert wird.

Ein weiterer wichtiger Aspekt, der für alle BSCs bei der Zielformulierung gilt, ist, „dass nicht jedes Ziel ausschließlich von der betrachteten Einheit beeinflusst wird, z.B.

---

[124] Vgl. Schermann, 2007, Foliensatz S. 17, siehe auch Josse, 2005, S. 56.

Von der Strategie zur Aktion

1) Strategie	2) Ableitung der strategischen Ziele (Kundenperspektive)	3) Auswahl der Kennzahlen	4) Definition der	5) Definition der Aktion
Wir sind ein unabhängiges Unternehmen im Gesundheitsbereich. Wir zeichnen uns durch eine intensive und optimale Betreuung unserer Kunden aus. Unser Eigentümer erwartet von unserem Unternehmen stets eine hohe Rentabilität.	Kundenbindung erhöhen	Anzahl der Jahre, die ein Kunde von unserem Unternehmen betreut wird	6,5 Jahre	Kundenbindungsprogramm stärken
	Kundenzufriedenheit verbessern	Happy Customer Index	1,7 (Schulnote)	Verbesserung der Betreuungsqualität der Mitarbeiter
	Betreuung der Neukunden intensivieren	Anzahl der Neukunden	150 p.a.	Marketingstrategie und Verkaufsprozess verbessern

Abbildung 21: Strategieableitung

weil diese keinen Zugriff auf bestimmte Ressourcen hat. Deshalb sollten in jeder Perspektive nur solche Ziele aufgenommen werden, die auch (...) von der entsprechenden Einheit (...) beeinflusst werden. Nur dann kann über die entsprechenden Kennzahlen eine Steuerung erfolgen und machen an die Messgrößen gekoppelte Anreizsysteme Sinn."[125]

Das gilt natürlich analog für die praxisbezogene BSC, da nur von der entsprechenden operativen bzw. feinoperativen Ebene beeinflussbare Ziele zur Steuerung dienen können.

4.3.5 Praxisorientierte Beispiele für Kennzahlen und Ziele der einzelnen Perspektiven

Wie bereits ausgeführt, sollten aus den formulierten Visionen und Strategien klare Zielsetzungen ableitbar sein, die für Kapitaleigner, Mitarbeiter, Kunden, Lieferanten und weitere Interessengruppen hohe Aussagekraft haben, wie die folgenden Beispiele zeigen sollen.

4.3.5.1 Finanzperspektive

In der Finanzperspektive können folgende Ziele und Kennzahlen eingesetzt werden, um Unternehmenserfolg zu messen und zu entwickeln: Umsatz, Jahresüberschuss oder Cashflow. Bei Non-Profit-Organisationen werden häufig Budgetziele gewählt. Die folgende Tabelle enthält einige weitere Beispiele für Finanzziele.

[125] Josse, 2005, S. 58.

Ziele	Kennzahlen
Gewinn steigern	ROI, Jahresüberschuss, Eigenkapitalrentabilität
Umsatz steigern	Umsatzwachstum, Umsatzerlöse, Umsatz aus neuen Kunden/ Gesamtumsatz
Unternehmenswert erhöhen	Shareholder Value, Discounted Cashflow (DCF), Kurs/Gewinnverhältnis
Liquidität erhöhen	Cashflow, Kreditrahmen

Tabelle 9: Beispiele Finanzziele und Kennzahlen

4.3.5.2 Kundenperspektive

Hier steht die Prämisse im Vordergrund, die Unternehmung aus Sicht des Kunden zu betrachten. Das bedeutet, dass der Kunde ein Produkt kauft bzw. eine Dienstleistung in Anspruch nimmt, wenn er seine Bedürfnisse dadurch erfüllen kann. Ein Automobilhersteller könnten z.B. die Dichte des Werkstattnetzes, kurze Lieferzeiten für Cabrios im Frühjahr, Design oder Leistungskennzahlen als kaufentscheidende Kennzahlen auswählen.[126] Mögliche Ziele wären:

- Kundenzufriedenheit
- Kundenloyalität
- Neukundengewinnung
- Stammkunden halten

Die folgende Tabelle enthält ein Beispiel, wie sich das Ziel Kundenzufriedenheit in Kennzahlen und Maßnahmen umsetzen lässt.

Ziele	Kennzahlen	Maßnahmen
Kunden-zufriedenheit	Anzahl der Reklamationen Kundenzufriedenheitsindex Reaktionszeit von Terminals Wartezeit für Kunden bis zur Bedienung	Analyse der Reklamationen Kundenschulungen Technische Möglichkeiten besser nutzen Servicepersonal schulen

Tabelle 10: Beispiele Kundenziel und Kennzahlen

4.3.5.3 Prozessperspektive

Hier steht die Priorisierung der wichtigen internen Prozesse im Vordergrund, d. h. eine SGE sollte sich so strukturieren, dass die Kundenziele weitestgehend erfüllt werden können. Für das Beispiel des Automobilherstellers ist es bedeutsam, den Designprozess so zu gestalten, dass der Kundengeschmack und der Zeitgeist getroffen und der Lieferzeitpunkt eingehalten werden können. Hiefür ist es notwendig, die entsprechenden Designer auszuwählen und mit den notwendigen marktrelevanten Informationen zu versorgen.[127]

---

[126] Vgl. Greischel, 2003, S. 7.
[127] Vgl. Greischel, 2003, S. 8.

Grundsätzlich lässt sich die interne Prozessperspektive in Haupt- und Subprozesse gliedern:

Hauptprozesse	Subprozesse
Forschung und Entwicklung	Unternehmensführung
Einkauf und Beschaffung	Controlling
Produktion bzw. Erbringung der Dienstleistung	Administration
Marketing	Logistik
Verkauf und After Sales Service	EDV / IT

Tabelle 11: Haupt- und Subprozesse der Prozessperspektive[128]

Auch hier soll ein Beispiel den Zusammenhang zwischen Ziel, Kennzahl und Maßnahme verdeutlichen:

Ziel	Kennzahl	Maßnahmen
Termin-einhaltung	Anzahl der eingehaltenen Terminzusagen / Termin-überschreitungen	Verbesserung der Projektplanung Frühzeitige Terminevaluierung Bessere Instandhaltungsprozesse

Tabelle 12: Beispiel Ziele und Kennzahlen für Prozessperspektive

4.3.5.4 Mitarbeiterperspektive

Die Mitarbeiterperspektive zeigt auf, welches Wissen in der SGE vorhanden ist und wie es genutzt wird. Die strategischen Ziele in den Perspektiven Finanzwirtschaft, Kunden und interne Prozesse bedienen sich alle der Ressource Mitarbeiter. Die Mitarbeiter benötigen daher Wissen, Kompetenz, Fähigkeiten und vor allem Motivation, um die ehrgeizigen Ziele in den anderen drei Perspektiven erfüllen zu können. Aus dieser Erkenntnis lassen sich folgende Ziele der Mitarbeiterperspektive ableiten:

- Mitarbeiterzufriedenheit
- Ausbildungsstand der MA
- Fluktuationsrate
- Fehlzeiten der MA[129]

Folgendes Beispiel soll zum Ziel Leistungsbereitschaft ein Ziel und daraus abgeleitete Maßnahmen aufzeigen:

Ziel	Kennzahl	Maßnahmen
Verbesserung der Leistungs-bereitschaft	Anzahl der Überstunden Verhältnis eigene MA / Leiharbeitnehmer	Analyse der: Arbeitsbelastung Leistungseffizienz Planungsqualität

Tabelle 13: Ziele und Kennzahlen der Mitarbeiterperspektive

[128] Vgl. Schermann, 2007, Foliensatz, S. 65.
[129] Vgl. ebenda, S. 66.

4.3.6 Strategische Zielzusammenhänge

Damit Ziele und Maßnahmen in einem logischen Ursache-Wirkungszusammenhang stehen können, muss darauf geachtet werden, dass sich die ausgewählten Ziele auf die Ziele der übergeordneten Perspektive auswirken, und zwar im Sinne von Wenn-dann-Aussagen. Hier gelten für die stringente BSC des Autors die gleichen Grundsätze wie für die traditionelle BSC von Kaplan und Norton. In einer Strategy Map sollten nicht allen möglichen, sondern nur die Verbindungen abgebildet und betrachtet werden, die direkt beeinflussende Wirkung haben.[130]

Im vorliegenden Konzept wird jedoch in strategische und operative Zielzusammenhänge unterschieden. So können z.B. strategische Ziele wie „Lagerbestände senken" oder die Einführung eines Vorschlagswesens das strategische Ziel „Kosten senken" positiv beeinflussen, wohingegen exklusive Vertriebsnetze oder verstärkte Werbung das Ziel negativ beeinflussen. Aus diesen strategischen Zielzusammenhängen müssen zur Operationalisierung und Strategiekommunikation operative Zielzusammenhänge abgeleitet werden, muss also z.B. das strategische Ziel „Lagerbestände senken" in operationale Ziele wie geringere Losgrößen, kürzere Lieferzeiten durch engere Lieferantenanbindung usw. übersetzt werden. Diese operativen Ziele beeinflussen in ihrer Auswirkung direkt das strategische Ziel, was in entsprechenden Ursache-Wirkungsketten dargestellt werden kann und auf diese Weise nachvollziehbar kommunizierbar wird.

Da sich Strategy Maps hierarchisch bei den operativen Zielen beginnend zu den strategischen Zielen der Finanzebene hin aufbauen, kann hier ein ähnlicher Kennzahlenbaum wie bei dem ROI nach dem Du-Pont-Kennzahlensystem aufgebaut und entworfen werden. Diese gedankliche Verbindung bildet die Basis für ein Managementinformationssystem auf Basis der Balanced Scorecard, in dem die Kennzahlen der Perspektiven auf einem „Steuerungscockpit" dargestellt werden und dem Management in übersichtlicher Form die wesentlichen Daten zur Entscheidungsfindung zur Verfügung stellen. Drill-down-Funktionen ermöglichen es dem Manager bzw. Anwender, die wenigen verdichteten strategischen Kennzahlen bis auf die operativen Kennzahlen herunterzubrechen.[131]

Der wesentliche Unterschied zu Kaplan besteht darin, dass Bubble Charts in der Praxis zwar gewünscht sind, jedoch völlig intransparent und unübersichtlich sein können, wie die Abbildung 22 zeigt.

Freilich sollte in positive und negative Zielzusammenhänge differenziert werden, was in Abbildung 22 aber aufgrund der komplexen strategischen Zielbeziehungen gar nicht berücksichtigt werden konnte!

Die Darstellung der Zielzusammenhänge fordert, dass jedes strategische Ziel einzeln herausgegriffen wird und sowohl negative als auch positive Zielzusammenhänge abgeleitet werden, wie die Abbildung 23 deutlich macht.

---

[130] Vgl. Schermann, 2007, Foliensatz, S. 78ff.

[131] Vgl. Schermann, 2007, Foliensatz, S. 81 f.

Abbildung 22: Bubble Chart aus der Praxis[132]

Abbildung 23: Darstellung positiver und negativer Zielzusammenhänge[133]

---

[132] Vgl. Schermann, 2007, Foliensatz, S. 79.

[133] Vgl. Schermann, 2007, S. 82.

4.4 MIS-Reporting

Die Entwicklung und Implementierung einer BSC bietet allein noch keine Gewähr dafür, dass die produktiven Aspekte im Tagesgeschäft auch zum Tragen kommen. Erst wenn die definierten Ziele und Kennzahlen bereitgestellt und visualisiert werden und somit in den Blick der Akteure gelangen, kann die BSC ihren vollen Nutzen entfalten, indem der Grad der Zielerreichung deutlich wird.

An diesem Punkt stellt sich die Frage, wie umfangreich das Reporting gestaltet sein muss, um dieses Ziel zu erreichen. Mit zunehmender Verbreitung der BSC nimmt die Zahl der angebotenen Reporting- bzw. Front-End-Systeme ständig zu. Damit steigt auch die Komplexität, aber die Kosten steigen ebenso analog dazu.

4.4.1 MIS-Lösungen zur Balanced-Scorecard-Visualisierung

Ähnlich wie die durchaus kritisch zu betrachtende konzernweite Einführung der BSC, die mit hohen Projekt- und Implementierungskosten verbunden ist, ist ein konzernweites Reportingsystem zu sehen. Gibt es beispielsweise eine Konzern-BSC, einige Unternehmens-BSCs, viele SGE-BSCs, hunderte Abteilungs-BSCs und tausende Mitarbeiter-BSCs, so wird sich auch die softwaretechnische Umsetzung als sehr komplex und aufwendig erweisen. Bernhard klassifiziert die verfügbaren Systeme in fünf Kategorien, entsprechend ihrem Einsatz in BSC-Lösungen.[134]

4.4.1.1 MIS/OLAP-Systeme

Diese werden in der Regel bei heterogenen Anwendungslandschaften eingesetzt, wie sie in Mischkonzernen zur Konzernkonsolidierung verwendet werden. Diese Systeme zeichnen sich durch zusätzliche komplexe Auswertungen auf OLAP-Basis aus, wie z.B. BSC-spezifische Präsentationsmöglichkeiten oder mehrdimensionale Auswertemöglichkeiten wie Trendaussagen oder Zeitreihenanalysen.

4.4.1.2 Scorecard-Simulationssysteme

Diese Lösungen können komplexe Ursache-Wirkungsbeziehungen oder Zeitreihenbetrachtungen simulieren. In der Praxis sind für diese Systeme noch keine Implementierungen vorhanden.

4.4.1.3 Spreadsheet-Lösungen

Diese Lösungen bieten sich an, wenn nur wenige BSC-Kennzahlen abzubilden sind. Daten und Informationen werden mit dem Ziel aufbereitet, über die Zielerreichung durch überschaubare Kennzahlencockpits und Vergleiche über Zeitreihen zu informieren. PC-Tools hierfür sind z.B. Excel, Access.

Der Autor empfiehlt in seinem praxisorientierten Ansatz die Visualisierung durch eine Excel-Lösung, die sich nahtlos in das stringente Konzept einfügt. Wie bereits ausgeführt, entsteht durch die BSCs auf SGE-Ebene eine überschaubare Anzahl an Kennzahlen, die sich effizient mit einer Spreadsheet-Lösung visualisieren lassen.

---

[134] Vgl. Bernhard, 1999, S. 7 ff., Balanced Scorecard Softwarerealisierungsmöglichkeiten.

Die dargestellte Vorgehensweise basiert zum einen auf dem stringenten Aufbau der SGE-Scorecards, zum anderen wird der hohe Verbreitungs- und Bekanntheitsgrad von Excel genutzt, um hier eine kostengünstige und leicht bedienbare Front-End-Lösung zu bieten.

4.4.2 Vor- und Nachteile der Excel-MIS

4.4.2.1 Vorteile eines Excel-basierten MIS

Die Excel-Lösungen weisen in der Praxis folgende Vorteile auf:

- Geringe Kosten: Da die MS-Office-Pakete so gut wie in allen Unternehmen vorhanden sind, fallen keine zusätzlichen Kosten für Hardware, Wartung und Lizenzgebühren an. Auch für die Schulung müssen nur die Aufwände für die spezielle Bedienung der Visualisierungslösung berücksichtigt werden, da aber Excel allgemein gut bekannt ist, sind diese Kosten sehr gering.
- Leichte Umsetzung: Da entsprechende Lösungen, wie z.B. die im Folgenden vorgestellte Lösung, leicht aufzubauen sind, sind auch die Beratungs- und Programmierungskosten zu vernachlässigen. Darüber hinaus können Excel-Lösungen, die bei der Implementierung eines BSC-Systems entworfen worden sind, auch als Vorlage für ggf. später notwendig werdende komplexere Systeme dienen. Dann entfällt der Prozess des Pflichtenheftes und die genaue Umsetzungsbeschreibung für die Programmierung.
- Flexible Anpassung: Ein weiterer Vorteil einer Excel-basierten MIS-Lösung liegt in der einfachen und schnell durchführbaren Anpassung an Umfeldveränderungen, wie geänderte Prozesse, neue Kundenstrukturen oder Veränderungen in der Mitarbeiterperspektive. Durch den hohen Bekanntheitsgrad von MS Excel können einfache Änderungen vom Anwender selbst durchgeführt werden bzw. stehen viele Spezialisten zur Verfügung, die hier unterstützen können. Dadurch wird das System sehr flexibel, ohne große Kosten zu verursachen.
- Einbindung von Grafiken: Da in Excel auch Grafiken eingebunden werden können, ist es mit einfachen Mitteln möglich, Kennzahlencockpits aufzubauen, die mit Ampelfunktionen, Zeigerinstrumenten und grafischen Zeitverläufen auf die wichtigen Veränderungen hinweisen, die dann durch Drill-down-Funktionen weiter differenziert werden können.

4.4.2.2 Nachteile eines Excel-basierten MIS

Den angeführten Vorteilen stehen auch Nachteile gegenüber, die sich aber in der stringenten BSC in einem vertretbaren Rahmen halten:

- Schnittstellen: Einer der hervorstechendsten Nachteile dieser praxisorientierten MIS-Lösung ist, dass es keine automatischen Schnittstellen zu den untergelagerten Systemen gibt, aus denen die Daten und Kennzahlen aufbereitet werden. Vielmehr müssen die Daten manuell in Excel übertragen werden, bzw. es können nur rudimentäre Schnittstellenlösungen angeboten werden. Da der stringente BSC-Ansatz aber jeweils mit 150 bis 200 Kennzahlen arbeitet, bleibt der Aufwand überschaubar.

- Berechtigungskonzepte: Da die MS-Office-Pakete über keine wesentlichen Berechtigungskonzepte verfügen, kann auch die Visualisierungslösung in Excel keine abgestuften Berechtigungen vergeben.
- Datensicherung: Auch die Datensicherung ist an die allgemeine MS-Office-Philosophie angehängt, so dass eigenständige Lösungen der Datensicherung gesucht werden müssen.

4.4.3 Praxisbeispiel einer Excel-MIS[135]

Die beiliegende CD-ROM enthält den grundsätzlichen Aufbau eines praxisorientierten MIS anhand der BSC in MS Excel. Mit diesem Beispiel soll gezeigt werden, dass sich MS Excel auch dazu eignet, grafische Oberflächen aufzubauen. Der Benutzer wird mit Hilfe von makroprogrammierte Schaltflächen über einfaches Anklicken von Buttons durch das MIS geführt und kann so sofort alle positiven und negativen Abweichungen, die anhand von Ampelfarben dargestellt wurden, erkennen und optimale Maßnahmen im Sinne eines Decision-Support-Systems ableiten.

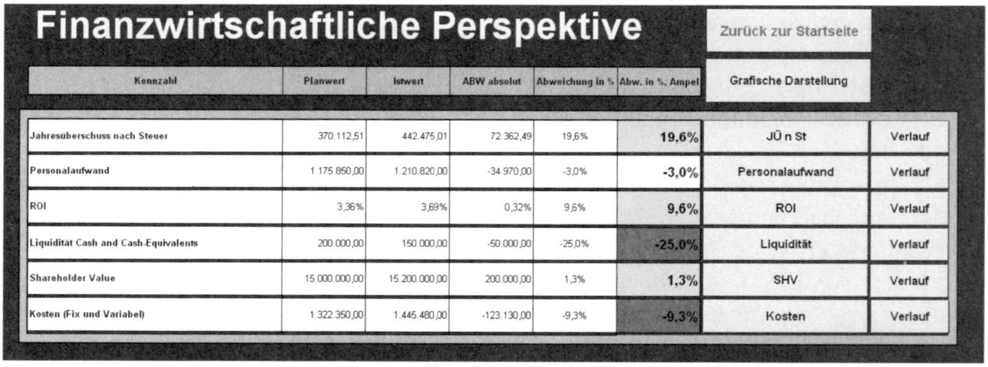
Finanzwirtschaftliche Perspektive

Zurück zur Startseite

Kennzahl	Planwert	Istwert	ABW absolut	Abweichung in %	Abw. in %. Ampel	Grafische Darstellung	
Jahresüberschuss nach Steuer	370.112,51	442.475,01	72.362,49	19,6%	19,6%	JÜ n St	Verlauf
Personalaufwand	1.175.850,00	1.210.820,00	-34.970,00	-3,0%	-3,0%	Personalaufwand	Verlauf
ROI	3,36%	3,69%	0,32%	9,6%	9,6%	ROI	Verlauf
Liquidität Cash and Cash-Equivalents	200.000,00	150.000,00	-50.000,00	-25,0%	-25,0%	Liquidität	Verlauf
Shareholder Value	15.000.000,00	15.200.000,00	200.000,00	1,3%	1,3%	SHV	Verlauf
Kosten (Fix und Variabel)	1.322.350,00	1.445.480,00	-123.130,00	-9,3%	-9,3%	Kosten	Verlauf

Abbildung 24: Finanzwirtschaftliche Perspektive eines Praxisbeispiels in MS Excel (1. Ebene)

Die Abbildung 24 zeigt Beispiele für strategische Kennzahlen der finanzwirtschaftlichen Perspektive. Dabei sind sowohl der Planwert, der Istwert als auch die Abweichungen absolut und in Prozent zu sehen. Weiters kann der Betrachter seinen Fokus sofort auf die Ampelfarben legen, denn dort kann er sofort erkennen, ob die Kennzahl im Plan ist oder positive bzw. negative Abweichungen aufweist. Weist beispielsweise der Jahresüberschuss nach Steuer eine stark positive Abweichung auf, so kann man erkennen, dass auch dieser sehr überhöhte Wert „unbalanced“ im Sinne der BSC ist, da in dieses strategische Ziel zu viele Ressourcen investiert worden sind und in anderen Zielen daher die strategische Ressourcenallokation zu kurz kommt. Will der User nun sehen, warum die bestimmte Kennzahl eine Abweichung aufweist, so kann er durch einfaches Klicken auf den Button „JÜ n St“ in die nächste Betrachtungsebene, nämlich auf die Ebene der von den strategischen Kennzahlen abgeleiteten operativen Kennzahlen, gelangen.

[135] Krepler, 2002, S. 1 f.: http://www.fact-consulting.com/Newsletter/2002_Ausgabe1/BSC/BSC_Exel_Loesung.pdf.

JÜ n St GESAMT

Zurück zur Startseite

Kennzahl	Planwert	Istwert	ABW absolut	Ampel	
1. JÜ n St Bereich 1	51.000,00	65.842,50	14.842,50	29,1%	JÜ n St Bereich 1
2. JÜ n St Bereich 2	79.312,50	78.975,00	-337,50	-0,4%	JÜ n St Bereich 2
3. JÜ n St Bereich 3	-155.000,00	-110.260,00	44.740,00	28,9%	JÜ n St Bereich 3
4. JÜ n St Bereich 4	64.500,00	56.692,50	-7.807,50	-12,1%	JÜ n St Bereich 4
5. JÜ n St Bereich 5	115.500,00	110.655,00	-4.845,00	0,0%	JÜ n St Bereich 5
6. JÜ n St Bereich 6	167.700,00	182.227,50	14.527,50	0,0%	JÜ n St Bereich 6
7. JÜ n St Bereich 7	47.100,00	58.342,50	11.242,50	23,9%	JÜ n St Bereich 7
JÜ n St GESAMT	370.112,51	442.475,01	72.362,49	19,6%	

Abbildung 25: Praxisbeispiel in MS Excel: Die 2. Ebene – operative Kennzahlen

Die Datenwartung erfolgt in mehreren dezentralen Arbeitsblättern, die von den jeweiligen Kennzahlenverantwortlichen gewartet werden. Durch einen „Verdichtungslauf" werden die einzelnen dezentralen Arbeitsblätter in das MIS abgeleitet von der BSC verdichtet. Die obige Abbildung zeigt, welche der sieben Bereiche Abweichungen geliefert haben. Auch auf dieser zweiten Ebene des MIS gilt, dass mittels Ampellogik die Aufmerksamkeit auf die Abweichungen im Vergleich zum Plan gelenkt wird. Aus dem Beispiel wird deutlich, dass der Bereich 1 eine besonders positive und der Bereich 4 eine besonders negative Abweichung aufweist. Vor dem Hintergrund der positiven Abweichung kann nun durch weiteres Klicken (Button „JÜ n St Bereich 1") auf die nächste Ebene gezoomt werden.

JÜ n St Bereich 1

Zurück zur Startseite

Kennzahl	Planwert	Istwert	ABW absolut	ABW in %	Ampel
Umsatzerlöse	100.000,00	120.000,00	20.000,00	20,0%	20,0%
Bestandsveränderungen	0,00	0,00	0,00	0,0%	0,0%
Aktivierte Eigenleistungen	0,00	0,00	0,00	0,0%	0,0%
Sonstige betriebliche Erträge	1.000,00	900,00	-100,00	-10,0%	-10,0%
Gesamterträge	**101.000,00**	**120.900,00**	**19.900,00**	**19,7%**	**19,7%**
Materialaufwand und bezogenen Leistungen	1.000,00	1.010,00	-10,00	-1,0%	-1,0%
Personalaufwand	26.000,00	26.000,00	0,00	0,0%	0,0%
Abschreibungen	5.000,00	5.000,00	0,00	0,0%	0,0%
Sonstige betriebliche Aufwendungen	1.000,00	1.100,00	-100,00	-10,0%	-10,0%
Gesamtaufwendungen	**33.000,00**	**33.110,00**	**-110,00**	**-0,3%**	**-0,3%**
Betriebsergebnis	**68.000,00**	**87.790,00**	**19.790,00**	**29,1%**	**29,1%**
Finanzergebnis	0,00	0,00	0,00	0,0%	0,0%
a.o Ergebnis	0,00	0,00	0,00	0,0%	0,0%
KÖSt	17.000,00	21.947,50	-4.947,50	-29,1%	-29,1%
JÜ n St Bereich 1	**51.000,00**	**65.842,50**	**24.737,50**	**29,1%**	**29,1%**

Zurück zum JÜ n St Gesamt

Abbildung 26: Praxisbeispiel in MS Excel: Die 3. Ebene – feinoperative Kennzahlen

Die feinoperative Kennzahlenebene bzw. die dritte Ebene lässt nun genaue Rückschlüsse auf die Abweichung zu. Nun kann operativ gegengesteuert werden, um das übergeordnete strategische Ziel, das direkt in der finanzwirtschaftlichen Perspektive zu finden ist, dennoch im Sinne von „balanced“ zu erreichen. Der User kann hier sofort den Grund für die sehr positive Abweichung finden: Die Umsätze sind bei gleichzeitiger Stagnation der Aufwendung wesentlich gestiegen. Demzufolge kann der Manager, der dieses Steuerungstool bedient, sofort konkrete Maßnahmen ableiten.

Die beschriebene MS-Excel-Lösung zeigt so auf, wie einfach der User durch das MIS Handlungsempfehlungen ableiten kann, ohne erhebliche Kosten in die Software zu investieren. Jedoch erhebt dieses MS-Excel-Tool nicht den Anspruch, professionelle Datawarehousesysteme zu ersetzen, die den Vorteil einer komfortablen Datenschnittstelle bringen. Es stellt sich grundsätzlich im Sinne der Kosten der Kostenrechnung bzw. Kosten der Controllingsysteme die Frage, welches Tool in Praxis tatsächlich zum Einsatz kommen soll: ein Datawarehousesystem gekoppelt mit einem professionellen Front-End, dass erhebliche Kosten der Hard-, Software und der Programmierung mit sich bringt, oder ein MS Excel Tool, das nur die Kosten der manuellen monatlichen Dateneingabe verursacht.

4.5 Projektvorgehensweise in der Praxis

4.5.1 Überblick zur Projektvorgehensweise

Zur Umsetzung und Implementierung der praxisorientierten BSC in Unternehmen schlägt der Autor die folgenden vier Schritte vor:

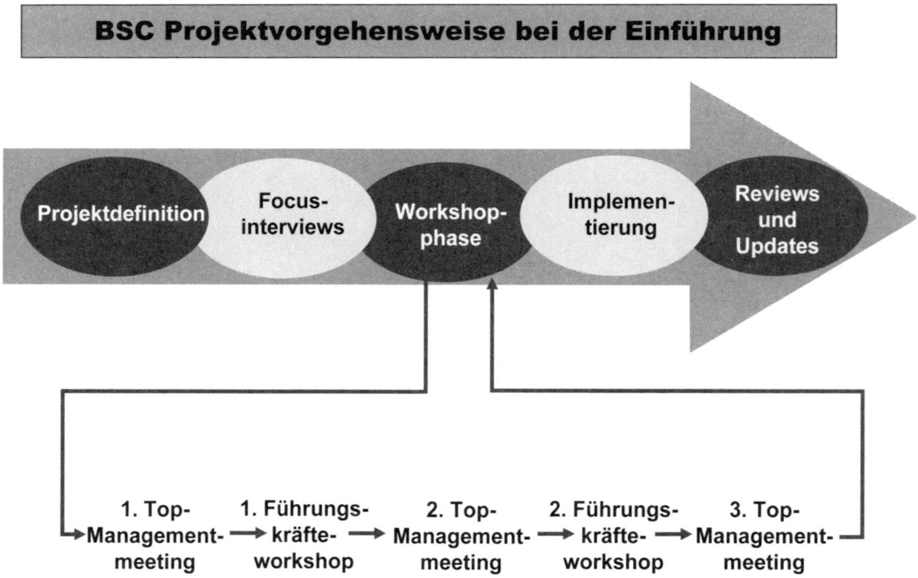

Abbildung 27: Praxisorientierte BSC[136]

[136] Vgl. Schermann, 2007, Foliensatz, S. 85.

Diese Projektschritte lassen sich, entsprechend der folgenden Tabelle, weiter untergliedern und in einzelne Projektarbeitspakete strukturieren. Im Weiteren soll die Projektvorgehensweise in der Praxis im Einzelnen vorgestellt werden.

Projektdefinition	Strategieinterview	Workshopphase	Implementierung	Review und Update
Projektziele	Präsentation BSC, Strategie	Strategische Ziele bestimmen	Technische Umsetzung	Überarbeitung langfristiger Ziele
Analyse der Unternehmensstruktur	Interviewphase	Kennzahlen, Sollgrößen ermitteln	Methodische Umsetzung	Review
Projektstrukturplan	Auswertung der Interviews	Umsetzungsplan	Organisatorische Umsetzung	Update

Tabelle 14: Projektarbeitspakete der BSC-Einführung[137]

Die in der Tabelle dargestellten Projektphasen werden mit folgenden Inhalten versehen:[138]

4.5.1.1 Projektdefinition Balanced Scorecard

- Definition der Ziele, die durch die Einführung der BSC erreicht werden sollen, wie z.B. BSC als MIS oder BSC als Übersetzung der Strategie
- Analyse der Unternehmensstruktur, in der folgende Fragen zu klären sind:
  - Ist eine Mission, Vision und eine Unternehmensstrategie vorhanden, auf der man aufbauen kann?
  - In welcher Qualität liegt die Strategie vor?
  - Erhebung der strategischen Geschäftseinheiten.
  - Bestimmung der Personen, die am BSC-Prozess beteiligt sein werden, wie Architekt, Kommunikator (der das interne Marketing zur Kommunikation der BSC im eigenen Unternehmen übernimmt), „Change Agent", Topmanagement, Abteilungsleiter; Projektgruppen festlegen, Definition der Rolle des externen Beraters.
  - Terminierung bzw. Erstellung eines Projektstrukturplans.

4.5.1.2 Strategieinterviews

- Die Projektvorgehensweise im Rahmen der Strategieinterviews orientiert sich stark an den Umsetzungsvorschlägen von Kaplan und Norton (siehe Seite 61) und wird an dieser Stelle – im Sinne einer vollständigen Projektvorgehensweise in der Praxis – nochmals angeführt. Vorstellung des Instruments der BSC bei allen Beteiligten und Vorstellung der Mission, Vision und Strategie, falls nicht bekannt: Der Architekt bereitet Hintergrundmaterial über die BSC sowie interne Dokumente über die Vision, Mission und Strategie des Unternehmens bzw. der SGE vor. Dieses Material wird allen Mitgliedern des Topmanagements unterbreitet (sechs bis zwölf Führungskräfte). Der Architekt sollte außerdem Informationen über die Branche, das Wettbewerbsum-

[137] Ebenda, S. 86.
[138] Ebenda, S. 91ff.

feld der SGE, wichtige Trends bei der Marktgröße und dem Marktwachstum, Informationen über Konkurrenten und Konkurrenzangeboten, Kundenvorlieben und technologische Entwicklungen bereitstellen.

- Nachdem dem Topmanagement die Möglichkeit gegeben wurde, das Material durchzuarbeiten, führt der Architekt Interviews (ca. 90 Minuten) mit jeder einzelnen Führungskraft durch. Darin holt der Architekt die Ansichten der Führungskräfte über die strategischen Zielsetzungen des Unternehmens und vorläufige Vorschläge für die BSC-Kennzahlen in den vier Perspektiven ein. Der primäre Zweck dieser Interviews ist es, das Konzept der BSC dem obersten Führungsgremium vorzustellen, seine Fragen zu beantworten und von Anfang an seinen Beitrag einzufordern. Gleichzeitig soll das Management im Interview anregen, die Strategie und die Zielsetzungen in greifbare operative Kennzahlen umzusetzen.
- Nachdem alle Interviews durchgeführt wurden, treffen sich der Architekt und sein Team, um eine vorläufige Liste der Ziele und Kennzahlen aufzustellen. Das Ergebnis dieser Sitzung sollte eine Auflistung und Rangfolge der Zielsetzungen für die vier Perspektiven sein. Das Team sollte versuchen festzustellen, ob die vorläufige Liste Ausdruck der Unternehmensstrategie ist und ob die Ziele für die vier Perspektiven in Ursache-Wirkungsbeziehungen verknüpft sind

4.5.1.3 Managementworkshop-Phase

Dieser Projektschritt verläuft, wie in Abbildung 27 dargestellt, in zwei Führungskräfte-Workshops und drei Topmanagement-Workshops, in denen:

- Konsens über die strategischen Ziele im Topmanagement geschaffen wird:
  - Gegenüberstellung der vom Topmanagement genannten strategischen Ziele und Kennzahlen und der Ist-Strategie.
  - Analyse der Ursache-Wirkungszusammenhänge der strategischen Ziele innerhalb jeder einzelnen Perspektive und zwischen den vier Perspektiven.
- Kennzahlen und Sollgrößen durch Führungskräfte ermittelt und dann dem Topmanagement vorgestellt und verabschiedet werden:
  - Präzisierung des Wortlautes der strategischen Zielsetzung in Übereinstimmung mit den Absichten, die im ersten Topmanagementworkshop ausgedrückt wurden, indem eine Liste der Zielsetzungen für die Perspektiven, mit einer detaillierten Beschreibung jeder Zielsetzung erfolgt.
  - Identifizierung und Beschreibung der Kennzahl für jede Zielsetzung.
  - Identifizierung der Informationsquellen für jede Kennzahl und Identifizierung der Maßnahmen, die notwendig werden können, um diese Information verfügbar zu machen. Darstellung, wie die Kennzahl quantifiziert und dargestellt werden kann.
  - Integrationsmeeting: Konsolidierte Darstellung der Kennzahlen bzw. des Kennzahlensystems.
- Aktionsprogramme und der Umsetzungsplan von den Führungskräften erarbeitet und ein Change Management festgelegt werden.
- das BSC-Konzept dem Topmanagement vorgestellt und verabschiedet wird.

4.5.1.4 Implementierung

- Technische Umsetzung und Aufbau eines MIS
- Organisatorische Umsetzung.

4.5.1.5 Reviews und Updates

Die strategischen Ziele müssen aufgrund der sich jährlich ändernden strategischen Ausrichtung eines Unternehmens hinterfragt und geprüft werden.

- Review: Durchführung monatlicher und vierteljährlicher Prüfungen
- Update: Durchführung einer jährlichen Strategieprüfung
- Die Leistung aller Mitarbeiter wird mit der BSC verknüpft.

4.5.2 Projektverlauf und Aufwand

Die folgenden zwei Abbildungen stellen den Zeitbedarf und den Aufwand für die Einführung der BSC dar. Wie bereits aus den Projektphasen zu erkennen ist, liegt der größte Aufwand in den ersten drei Schritten, da hier die Basis für eine funktionierende BSC gelegt werden muss. Ein weiterer Aspekt ist das gemeinsame Commitment, das gefunden werden muss, um eine breite Akzeptanz für die BSC zu schaffen, die die unerlässliche Voraussetzung für eine erfolgreiche Implementierung ist.

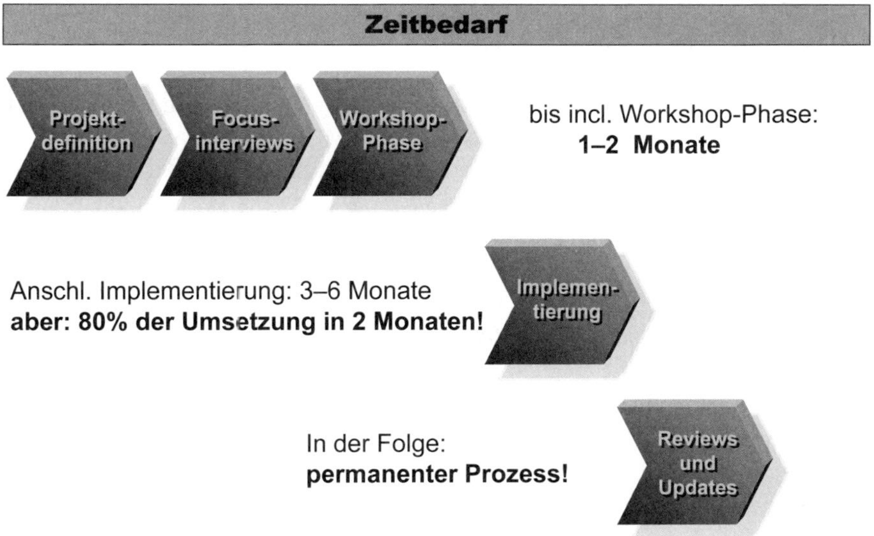

Abbildung 28: BSC – praxisorientierte Projektvorgehensweise[139]

[139] Ebenda, S. 88.

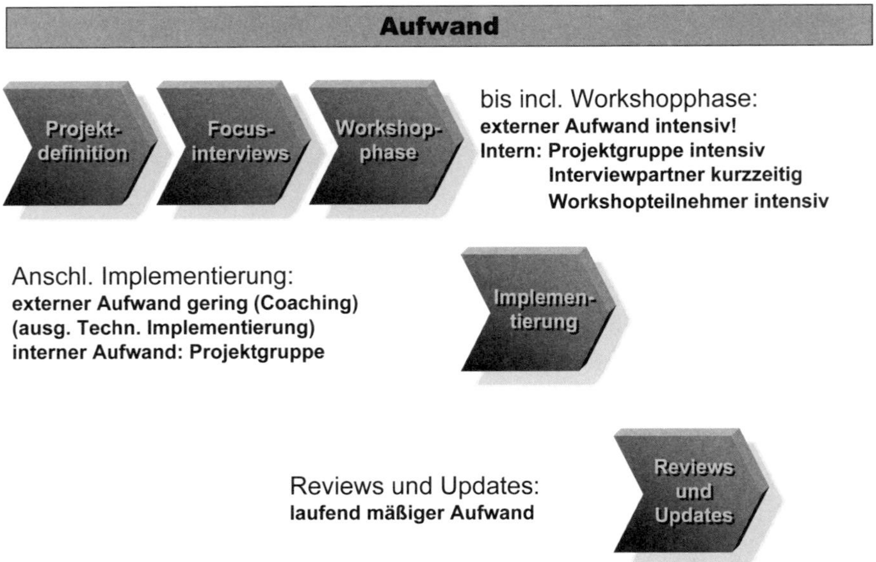

Abbildung 29: Aufwandsdarstellung der praxisorientierten BSC-Einführung[140]

Hier wird ein weiterer Vorteil der stringenten Vorgehensweise erkennbar: Das gesamte BSC-Projekt kann innerhalb von ca. sechs Monaten abgeschlossen sein. Der Grund für diese kurze Projektlaufzeit liegt darin, dass der ganze aufwendige Abstimmungsprozess jeweils nur auf der SGE-Ebene ablaufen muss, also in kleinen überschaubaren Teams. Darüber hinaus müssen keine weiteren intensiven Abstimmungs-Workshops mit anderen Unternehmensbereichen bzw. dem Konzern zugehörigen Unternehmen durchgeführt werden. (In diesen Workshops werden bei der Implementierung der traditionellen BSC nach Kaplan und Norton die meisten Ressourcen benötigt, um zu einem gemeinsamen Konsens zu finden. Dies verursacht dann die langen Projektlaufzeiten, die hohen Kosten und ggf. auch das Scheitern von BSC-Projekten.)

Die folgende Abbildung – ein Projektplan zur Einführung einer BSC nach Schermann – verdeutlicht, dass BSC-Projekte schnell und effektiv eingeführt werden können. Ebenso ist aus Abbildung 28 zu erkennen, dass 80% der Projektumsetzung bereits nach zwei Monaten abgeschlossen sein können.

[140] Ebenda, S. 90.

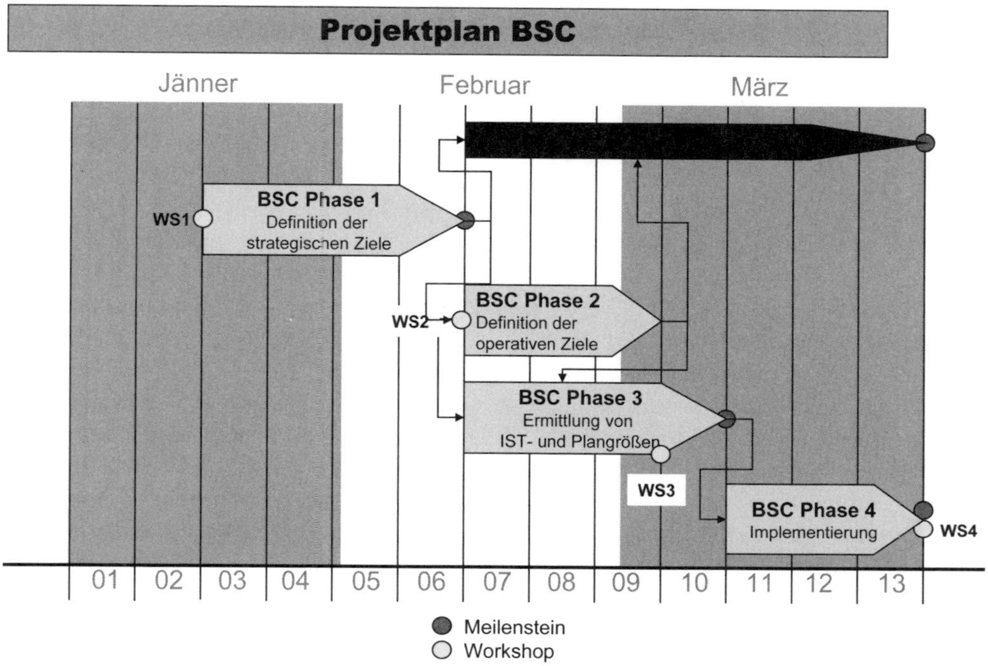

Abbildung 30: Projektplan zur BSC-Einführung[141]

[141] Ebenda, S. 90.

5 Zusammenfassung und Ausblick

5.1 Abschließender Vergleich der Balanced-Scorecard-Ansätze

Vergleicht man die klassische BSC von Kaplan und Norton mit dem praxisorientierten Ansatz der BSC, kann festgestellt werden, dass die wesentlichen Merkmale der BSC in beiden Konzepten enthalten sind. Auch in der praxisorientierten BSC ist der grundlegende Ansatz von Kaplan und Norton, die Schwachstellen an den traditionellen Kennzahlensystemen mit einem ausgewogenen Mix aus Früh- und Spätindikatoren in den verschiedenen Perspektiven zu überwinden, zu finden. Auch die Ursache-Wirkungsbeziehungen und die Ableitung der operativen Ziele und Maßnahmen aus den strategischen Zielen sind in beiden Ansätzen ein zentrales Thema.

Während der klassische Ansatz eine Umsetzung von der Konzern-BSC über die Unternehmens-, SGE- und Abteilungs-BSCs bis hin zu den Mitarbeiter BSCs empfiehlt, geht der Autor hier einen anderen Weg. Der Ausgangspunkt der BSC-Implementierung ist die SGE und nur für diese Ebene wird eine BSC erarbeitet. Das Herunterbrechen der SGE-BSC auf die darunterliegenden Hierarchieebenen erfolgt, indem jedes einzelne strategische Ziel top down in drei bis sieben operative Ziele und Kennzahlen stringent abgeleitet wird. Wenn es die Tiefe und die Komplexität der SGE erfordert, wird das operative Ziel auf eine weitere Ebene, die feinoperative Ebene, heruntergebrochen. So entsteht ein stringentes Ziel- und Kennzahlensystem mit ca. 150 bis 200 Zielen und Kennzahlen pro SGE. Die einzelnen Ziele und Kennzahlen der strategischen Ebene, der operativen Ebene und der feinoperativen Ebene werden so den Führungskräften und den operativen Mitarbeitern im Sinne einer Zielvereinbarung zugewiesen und sind aufgrund der Differenzierung auf verschiedene Hierarchieebenen für die einzelnen Führungskräfte und operativen Mitarbeiter verständlich – und somit auch beeinflussbar. Während der traditionelle Ansatz der BSC nach Kaplan und Norton dem einzelnen Mitarbeiter jeweils eine eigene BSC zuweist, werden beim stringenten Modell dem Mitarbeiter aus dem Pool von 150 bis 200 Zielen und Kennzahlen jeweils drei bis zehn konkret von ihm auch beeinflussbare Ziele zugeordnet.

Diese klare Stringenz macht die BSC in der Praxis sehr flexibel und anpassungsfähig, ohne den Nachteil hoher Kosten!

Ein weiterer großer Vorteil dieses stringenten BSC-Konzeptes ist, dass jeder Bereich bis in die unterste operative Ebene für sich beeinflussbare Parameter erkennt. So können Änderungen in der strategischen Ausrichtung sehr schnell umgesetzt werden, da es keinen BSC-Anpassungsprozess über die verschiedenen Ebenen gibt, sondern nur die Ziele, Kennzahlen, Maßnahmen und Aktionen angepasst werden müssen.

Ein weiterer Unterschied zur klassischen BSC ist der grundsätzliche Ansatz, die BSC als Managementinformationssystem zu nutzen, das als Kennzahlensystem in Form einer Kennzahlenpyramide aufgebaut ist und mit einem leicht zu bedienenden, weit verbreiteten Front-End-System auf MS Excel Basis die Datenverdichtung und Visualisierung übernimmt. Durch dieses einfache aber wirkungsvolle Managementinformationssystem kann ressourcenschonend eine Kennzahlenverdichtung im Sinne eines Kennzahlencockpits erfolgen. Ressourcenschonend, weil Excel weit verbreitet ist, keine Lizenzgebühren anfallen und auch der Projektierungs-, Schulungs- und Wartungsaufwand gering ist.

Nachteilig ist allerdings, dass es keine automatischen Schnittstellen gibt, doch können aufgrund der begrenzten Kennzahlen die Daten manuell übertragen werden.

Ein weiterer Vorteil des stringenten Konzepts, nur eine BSC je SGE-Ebene abzuleiten, ist die Kosten- und Zeitersparnis bei der Einführung der BSC. (Erfahrungsgemäß ist für die Einführung einer klassischen BSC nach Kaplan und Norton in einer größeren Unternehmensstruktur mit einem Projektzeitrahmen von 12 bis 18 Monaten zu rechnen.) Das praxisorientierte stringente Konzept lässt sich bei gleicher Unternehmensstruktur in ca. sechs Monaten einführen.[142] Durch die geringere Anzahl an SGE-BSCs ist auch der Pflegeaufwand im laufenden Betrieb deutlich geringer. Die graphische Aufbereitung der Daten mit dem vertrauten MS Excel erhöht die Akzeptanz des Managements, mit dem System intensiv zu arbeiten, was die BSC zu einem aktiven Steuerungstool im Unternehmen macht.

Kriterium	Praxisorientierte BSC	Klassische BSC
Strategiekommunikation auf allen Ebenen	Sehr hoch durch leicht nachvollziehbare und beeinflussbare Ziele und Aktionen	Abstrakte Bereichs- und Mitarbeiter-Scorecard sind schwer zu vermitteln
Markt/Produktberücksichtigung in der Strategieumsetzung	Sehr hoch, da die Konzernstrategie die strategische Leitlinie bildet, die SGE diese direkt auf sein Umfeld umsetzen kann Anpassungen an das Unternehmensumfeld können schnell bis in die unterste Ebene umgesetzt werden	Durch die vielen einzelnen Scorecards wird das Gesamtsystem schwerfällig und strategische Änderungen im SGE Umfeld schlagen mit Zeitverzug durch
Einführungsaufwand	Durch den stringenten geradlinigen Aufbau geringer Projekt- und Einführungsaufwand und damit niedrigere Kosten	Hoher Abstimmungsaufwand, dadurch lange Projektlaufzeiten und hohe Kosten
Pflegeaufwand	Anpassungen können schnell bis in die unterste Ebene umgesetzt werden	Anpassungen sind zeit- und kostenintensiv, da über viele Scorecards hinweg Änderungen eingepflegt werden müssen
Managementnutzen und Akzeptanz	Durch das flexible und reaktionsschnelle Konzept bessere Steuerungsmöglichkeiten, dadurch höherer Nutzen für das Management, was auch zu höherer Akzeptanz führt	Durch lange Anpassungsprozesse wird es oft nur als „Berichtsgenerator" genutzt, dadurch geringerer Nutzen und Akzeptanz
Kennzahlenvisualisierung / Kennzahlencockpit	Durch den Einsatz von Excel einfach zu bedienende, effiziente und kostengünstige Kennzahlenaufbereitung	Durch die Vielzahl der BSC werden umfangreiche Systeme auf Data-Warehouse-Basis aufgebaut Kostenintensiv und schwerfällig

Tabelle 15: Gegenüberstellung klassische und praxisorientierte BSC

5.2 Resümee

Die Balanced Scorecard hat unbestritten in den vergangenen 15 Jahren ihren Siegeszug in die Unternehmenswelt angetreten und das nicht ohne Grund, ist sie doch ein Konzept,

[142] Vgl. Schermann, 2007, Foliensatz S. 94.

das die Umsetzung der Strategie im Unternehmen maßgeblich verbessern kann. Kaplan und Norton haben hier ein System geschaffen, das sowohl als Managementsystem als auch als Kennzahlensystem eingesetzt wird. Gerade der Aspekt der zueinander ausgewogenen Perspektiven und die Möglichkeit, Früh- und Spätindikatoren miteinander über Strategy Maps zu verbinden, ist einer der großen Erfolgstreiber für dieses Konzept.

Darüber hinaus ist die BSC der Brückenschlag für den lange bekannten Gap zwischen Unternehmensstrategie und deren Umsetzung bzw. Übertragung in den operativen Bereich. Das daraus entstehende Kennzahlengebilde kann dann weiter für ein Berichtswesen genutzt werden, das sowohl harte als auch weiche Kennzahlen zur Verfügung stellt. In Verbindung mit entsprechenden Front-End-Systemen haben sich Managementsysteme entwickelt, die einen wesentlichen Beitrag zur Strategieumsetzung leisten können.

Da Kaplan und Norton die BSC als Vorlage für entsprechende Unternehmensadaptionen entwickelt haben, sind in den vergangenen 15 Jahren viele sehr unternehmensspezifische Scorecards entstanden. So findet man heute die Nachhaltigkeits-BSC (SBSC) genauso wie spezielle Scorecards für Banken, Krankenhäuser, öffentliche Verwaltungen, Logistik, usw.

Allerdings haben verschiedene Studien, unter anderem die Studien von Horváth & Partner, belegt, dass das Konzept[143] in der Praxis teilweise missverstanden wurde, aber auch in der Anwendung an Grenzen gestoßen ist, die eine Besinnung auf das wesentliche Grundkonzept von Kaplan und Norton notwendig machen. Im Fokus stehen die Ableitung vieler Bereichs-Scorecards und die Entwicklung der BSC zu einem flexiblen aussagekräftigen Managementinformationssystem.

Hier setzt die praxisorientierte stringente BSC an, indem sie die Schwächen, die in der Praxis zu beobachten sind, aufgreift und durch einen stringenten Aufbau die Nachteile der umfangreichen Kaskadierung von der Konzern-BSC bis zur Mitarbeiter-BSC behebt. Dies wird dadurch erreicht, dass die grundsätzlichen Ansprüche der verschiedenen Bereiche betrachtet und durch entsprechende Management-Tools erfüllt werden.

So werden z.B. für das Topmanagement mit entsprechenden Managementinformationssystemen auf MS-Excel-Basis die benötigten Spitzenkennzahlen aus den SGE-Scorecards aggregiert und bereitgestellt. So kann das Topmanagement mit hochverdichteten Spitzenkennzahlen ihren Anspruchsgruppen (wie Shareholdern, Eigentümern, Banken) die Unternehmensentwicklung darstellen und so die Liquidität und den Geschäftserfolg sichern.

Der klassische BSC-Ansatz von Kaplan und Norton muss aufgrund der weit verzweigten Bereichs-BSC und der daraus entstehenden Fülle an Kennzahlen mit aufwendigen Data-Warehouse- und OLAP-Systemen arbeiten, um diese Datenfülle zu verdichten und auszuwerten. Diese Systeme sind zum einen sehr kostenintensiv in der Beschaffung, Einführung und Wartung, zum anderen entsprechend schwerfällig, wenn es um Änderungen und Anpassungen geht. Auch die komplexe Bedienung dieser Systeme kann ein Grund für mangelnde Akzeptanz im Management sein, da selten Zeit für intensive Schulungen zu Verfügung steht.

Der stringente Aufbau des praxisorientierten MIS zeichnet sich durch eine deutlich reduzierte Anzahl von Kennzahlen aus, die in einem effizienten Excel-System verdich-

[143] 100xBSC.

tet werden können, um flexible zeitnahe Analysen durchzuführen, die zur Entscheidungsunterstützung und Strategiekontrolle dienen. So kann schnell und flexibel auf die dynamischen Veränderungen im Unternehmensumfeld, insbesondere im Umfeld der strategischen Geschäfteinheiten, reagiert und den Herauforderungen mit einer aktiven strategischen Planung begegnet werden.

Nur wenn mit der BSC die Frühindikatoren in das MIS einbezogen werden, können Entwicklungen so frühzeitig erkannt werden, dass das Management rechtzeitig reagieren und wirtschaftliche Gefahren für das Unternehmen abwehren kann. Darüber hinaus wird auch das strategische Lernen unterstützt, da die kausalen Zusammenhänge erkennbar werden und aus positiven wie auch negativen Entwicklungen Lernprozesse entstehen können. Ein wesentlicher Faktor für den Erfolg ist, dass die gewonnenen Erkenntnisse in strategische Änderungen umgesetzt werden und diese dann auch schnell in den operativen Bereich mittels Zielen und in den operativen Bereich übertragen werden. Hier bietet das stringente Konzept den Vorteil, dass die Änderungen nicht über viele BSC heruntergebrochen werden müssen, sondern strategische Ziele direkt in der betroffenen SGE in Maßnahmen im Sinne des PDCA-(Plan Do Check Action)Zyklus umgesetzt werden können.

Für die Mitarbeiterebene ist vorteilhaft, dass die Strategie durch nachvollziehbare Ziele und Maßnahmen im Arbeitsumfeld der Mitarbeiter transparent und ihre Einflussmöglichkeiten bei der Zielerreichung erkennbar sind. So wird aus der abstrakten, meist nicht verstandenen Vision des Unternehmens eine konkrete Handlungsanleitung, die verstanden und umgesetzt werden kann. Hier entsteht ein weiterer Erfolgsfaktor, nämlich der engagierte Mitarbeiter, der sich mit dem Unternehmen und den Unternehmenszielen identifizieren kann und so zur Strategieumsetzung maßgeblich beiträgt.

Das Grundkonzept von Kaplan und Norton hat sich als dynamisches Modell etabliert und in den vergangenen 15 Jahren bewiesen, dass es keine weitere Management-Modeerscheinung war. Gerade durch die Ursache-Wirkungs-Ketten erhält die BSC diese dynamische Komponente und hier liegt einer der wesentlichen Erfolgsfaktoren für die BSC. Nur wenn die BSC mit ihren Leistungstreibern ein realistisches Abbild der Unternehmenswelt wiedergibt, kann der Steuerungseffekt durch Früherkennung von Veränderungen genutzt werden. Die Dynamik der BSC in der Praxis führt dazu, dass BSCs einem ständigen Veränderungsprozess unterliegen, sie müssen an die jeweils aktuellen strategischen Stoßrichtungen der Unternehmen angepasst werden. Da das stringente MIS-Modell sowohl bei der Konzeption als auch bei der Implementierung mit wesentlich weniger Aufwand und Kosten verbunden ist, kann festgehalten werden, dass sich diese Einsparungspotentiale auch bei der jeweiligen Veränderung – im Sinne eines Reviews der BSC – des Ziel- und Kennzahlensystems feststellen lassen.

Die praxisorientierte BSC gibt dem Grundkonzept von Kaplan und Norton neue und größere Dynamik und verleiht ihr dadurch großes Potential, in der Zukunft für viele Unternehmen ein modernes Managementinformationssystem zu sein, das Konzernen sowie Unternehmen in ihrer Intention zur Seite steht, den ständig wachsenden Anforderungen durch die Globalisierung und Dynamisierung der Märkte erfolgreich im Wettbewerb zu begegnen.

Somit erweist sich die praxisorientierte BSC als ein zukunftsorientiertes Managementinstrument, das den Anforderungen an ein modernes Managementinformationssystem gerecht wird und eine wertvolle Unterstützung für das Management ist.

Literaturverzeichnis

Abel, R. (2001): Die Balanced Scorecard im Arbeitsfeld von Betriebsräten – eine Präsentation von Umfrageergebnissen, im Auftrag der Hans-Böckler-Stiftung, Referat Wirtschaft I

Bernhard, M. (1999): Balanced Scorecard Softwarerealisierungsmöglichkeiten, URL http://www.ecg-consulting.de/IT-BSC-SW-1999-09-IT-Management-PDF.pdf (18.4.2007)

Ehrmann, H. (2000): Kompakt-Training Balanced Scorecard, Leipzig

Eschenbach R./Eschenbach, S./Kunesch, H. (2003): Strategische Konzepte, Stuttgart

Fridag, H. R./Schmidt, W. (2002): Balanced Scorecard – Mehr als ein Kennzahlensystem, 4. Auflage, Freiburg i. Br. et al.

Galden, W. (2003): Kennzahlen- und Berichtssysteme, 2. Auflage, Wiesbaden

Galden, W. (2005): Performance Measurement – Controlling mit Kennzahlen, 3. Auflage, Wiesbaden

Gerberich, C. W./Schäfer, T./Teubner, J. (2006): Integrierte Lean Balance Scorecard, 1. Auflage, Wiesbaden

Greischel, P. (2003): Balanced Scorecard, 1. Auflage, München

Groll, K.-H. (1991): Erfolgssicherung durch Kennzahlensysteme, 4. Auflage, Freiburg i. Br.

Groll, K.-H. (2004): Das Kennzahlensystem zur Bilanzanalyse – Ergebniszahlen, Aktienkennzahlen, Risikokennzahlen, 2. Auflage, München/Wien

Grüning, M. (2002): Performance – Measurement – Systeme. Messung und Steuerung von Unternehmensleistung, München/Wiesbaden

Heinrich, L./Lehner, F. (1985): Informationsmanagement, Berlin et al.

Horváth, P. (1991): Controlling, 4. Auflage, München

Horváth, P. (2006): Das Controllingkonzept – Der Weg zu einem wirkungsvollen Controllingsystem, 6. Auflage, München

Horváth, P./Kaufmann, L. (2004): Balanced Scorecard – ein Werkzeug zur Umsetzung von Strategien, In: Harvard Business Manager – Balanced Scorecard – Unternehmen erfolgreich steuern, ursprünglich Beitrag aus Harvard Business Manager, Ausgabe 5, 1998

International Group of Controlling (2005): Controller Wörterbuch, 3. Auflage, Stuttgart

Jochen/Voggenreiter (2002) in Controlling Heft 11, November 2002

Josse, G. (2005): Balanced Scorecard, München

Kaplan, R. S./Norton, D. P. (1997): Balanced Scorecard, Strategien erfolgreich umsetzen

Kipker, I. (2003) in Best Practice/2003, 52. Jahrgang

Krause, O. (2006): Performance Management – Eine Stakeholder-Nutzen-orientierte und Geschäftsprozess-basierte Methode, Wiesbaden

Krcmar, H. (2000): Referenzmodelle für Informationssysteme

Krepler, M. (2002): Die Abbildung der Balanced Scorecard in MS-Excel, URL http://www.fact-consulting.com/Newsletter/2002_Ausgabe1/BSC/BSC_Excel_Loesung.pdf (18.4.2007)

Küsel (2006): Mit Bohren, Schlitzen und Würfeln zu korrekten Zahlen, in IT & Investition, April 2006

Küting, K./Weber, C.-P. (2006): Die Bilanzanalyse, 8. Auflage, Stuttgart

Meyer, C. (2007): Betriebswirtschaftliche Kennzahlen und Kennzahlen-Systeme, 4. Auflage, Sternfels

o.V. (2006): in MQ Business Excellence, Management und Qualität, 03/2006

o.V. (2005): Balanced Scorecard Studie 2005, In: Horváth & Partners Management Consultants, URL: http://www.horvath-partners.com/hp3/1709153/2336048.html (18.04.2007)

Peemöller, V. H. (2002): Controlling – Grundlagen und Einsatzgebiete, 4. Auflage, Herne/Berlin

Reichmann, T. (2006): Controlling mit Kennzahlen und Management-Tools, 7. Auflage, München

Schermann, M. (2007): Foliensammlung zum Controlling, Wien

Schrank, R. (2007): Die Balanced Scorecard hat modernen strategischen Steuerungs-Systemen den Weg geebnet – jetzt wird sie abtreten, URL: http://www.controller-spielwiese.de/Inhalte/news/aktnews3.htm (02.04.2007)

Siegwart, H. (2002): Kennzahlen für die Unternehmensführung, 6. Auflage, Bern/Stuttgart/Wien

Stoll, B. (2003): Balanced Scorecard für soziale Organisationen, Qualität und Management durch Strategische Steuerung, Regensburg

Uebel, M./Helmke, S. (2003): Balanced Scorecard und Controlling, Troesdorf

Waldkirch, R. (2002): Balanced Scorecard als strategisches Managementsystem einer strategiefokussierten Organisation, in: krp-Kostenrechnungspraxis (heute: ZfCM), 46. Jg., Heft 5

Weber, J. (1998): Einführung in das Controlling, 7. Auflage, Stuttgart

Stichwortverzeichnis